“十二五”国家重点图书出版规划项目

应用化学专业实验

朱灵峰　主编
王海荣　曹永　李新宝　副主编

哈爾濱工業大學出版社

内容简介

本书分为5篇包括44个实验和常见的实验仪器简介，其中第1篇现代分析技术实验，包括紫外可见分光光度法、红外光谱法、气相色谱法、电位滴定法、原子吸收分光光度法等13个实验；第2篇合成化学实验，包括几种常见高分子聚合物的合成方法及性质测定等9个实验；第3篇材料化学及水处理实验，包括一些无机及有机材料、水处理剂的合成及性质测定，煤和油的性质测定等14个实验；第4篇精细化学品实验，包括常见精细化学品的制备及性质测定等8个实验；第5篇为常见分析仪器介绍。每个实验均明确实验目的，详细介绍实验原理，列出实验步骤并强调相关注意事项，并设置了一些思考题。

本书为应用化学专业及材料、环境等相关学科的必修课实验教材。

图书在版编目(CIP)数据

应用化学专业实验/朱灵峰主编.—哈尔滨：哈尔滨工业大学出版社，2012.7

ISBN 978-7-5603-3738-8

Ⅰ.①应… Ⅱ.①朱… Ⅲ.①应用化学-化学实验-高等学校-教材 Ⅳ.①069－33

中国版本图书馆CIP数据核字(2012)第165445号

责任编辑 张秀华
封面设计 卞秉利
出版发行 哈尔滨工业大学出版社
社　　址 哈尔滨市南岗区复华四道街10号　邮编150006
传　　真 0451－86414749
网　　址 http://hitpress.hit.edu.cn
印　　刷 黑龙江省委党校印刷厂
开　　本 787mm×1092mm　1/16　印张10.25　字数240千字
版　　次 2012年8月第1版　2012年8月第1次印刷
书　　号 ISBN 978-7-5603-3738-8
定　　价 20.00元

前　言

应用化学专业是现代化学、化工与其他学科领域交叉、渗透和融合的综合性专业，是介于化学和化学工程与工艺之间的一个应用性理、工科专业，是培养理工结合的“用”化学的人才的专业。与化学专业相比，应用化学专业要求学生接受更多的应用性、实用性、实践性的知识教育。实验是应用化学专业学习的一个重要环节。通过实验，不仅使学生加深对课堂教学内容、基本理论的理解，还可以对学生进行实验方法、实验技能的基本训练，培养分析问题、解决问题的能力，独立组织和完成实验的能力，以及严肃认真的工作作风和实事求是的科学态度。因此，专业实验是应用化学专业必修的一门课程。

《应用化学专业实验》这本书，考虑应用化学专业特点及长远发展，并借鉴其他学校在化学实验方面的改革和发展经验，在内容的选取上，力求在保持专业知识的系统性和实验体系的完整性的情况下，能更贴近社会和生产生活实践需求，为此实验内容涵盖了应用化学的各个方面。此书还引入了教学及科研中的最新成果，以使学生了解相关专业方向的发展状况，培养科学的思维和自主创新能力。

本书分为5个部分共44个实验和常见的实验仪器简介。第1篇现代分析技术实验(13个)，包含紫外可见分光光度法、红外光谱法、气相色谱法、电位滴定法、原子吸收分光光度法等；第2篇合成化学实验(9个)，包括几种常见高分子聚合物的合成方法及性质测定；第3篇材料化学及水处理实验(14个)，包括一些无机及有机材料、水处理剂的合成及性质测定，煤和油的性质测定等；第4篇精细化学品实验(8个)，包括常见精细化学品的制备及性质测定；第5篇为常见分析仪器介绍。每个实验均明确实验目的，详细介绍实验原理，列出实验步骤并强调相关注意事项，最后为鼓励学生进一步学习和巩固，还设置了一些思考题。

参加本书编写的有华北水利水电学院环境与市政工程学院朱灵峰(第5篇相关仪器简介)，王海荣(第1篇实验1~13、第3篇实验27~36)，曹永(第2篇实验14~22、第3篇实验23~26)，李新宝(第4篇实验37~44)。本书由朱灵峰进行统稿和修改，由刘秉涛审阅定稿。

本书编写过程中，参考了大量文献资料，在此向所引用文献的作者致以诚挚的感谢。编写过程中，华北水利水电学院环境工程实验中心的老师们给予编者很多技术支持和帮助，本书的出版得到了华北水利水电学院环境工程学科的资助，在此，对他们的热情相助一并表示衷心的感谢。

由于编写人员水平有限，书中疏漏之处、不妥之处及引用文献不全不当之处，敬请读者批评指正。

编　者

于华北水利水电学院

2012 年 3 月

目　　录

第1篇　现代分析技术试验

实验1　苯和苯衍生物的紫外吸收光谱

【实验目的】

1. 熟悉利用紫外吸收光谱鉴定有机图化合物的方法、原理。
2. 学习有机化合物紫外吸收光谱图的绘制方法。
3. 了解不同助色团对苯吸收光谱的影响。
4. 学习并掌握紫外-可见分光光度计的结构和使用方法。

【实验原理】

分光光度法是基于物质分子对光的选择性吸收建立起来的一系列分析方法,包括比色分析法、紫外分光光度法、紫外可见分光光度法、红外吸收光谱法和荧光分光光度法等。

波长(200～400) nm之间的光称为紫外光。人眼能感觉到的光的波长大约为(400～750) nm,称为可见光。紫外可见吸收光谱是有机化合物鉴定中的一种重要的辅助手段。

当一束平行单色光通过均匀、非散射的液体(或固体、气体介质)时,光的一部分被吸收,一部分透过溶液,还有些被器皿吸收或反射。实践证明,溶液对光的吸收程度,与溶液浓度、液层厚度及入射光波长有关,其定量关系符合朗伯比尔定律(Lambert-Beer's Law),即

$$A=\varepsilon bc$$

式中　A——吸光度;

ε——摩尔吸光系数,与物质本性及入射光波长有关,L/(mol·cm);

b——液层厚度,cm;

c——吸光物质的浓度,mol/L。

当入射波长和比色皿厚度一定时,吸光度与溶液中吸光物质浓度成正比,则可据此对被测组分的含量进行定量分析。

测量某种物质在同一浓度时对不同波长光的吸收程度,然后以吸光度为纵坐标,以波长为横坐标,可以得到一条曲线,此即该物质的吸收光谱。它能清楚地反映物质对光的吸收情况。其中,吸光度最大时的波长称为最大吸收波长 λ_{max},与物质本性有关,而与浓度、液层厚度等无关。不同物质最大吸收波长不同,因此,常常利用最大吸收波长进行定性分析,是鉴定有机化合物的有效方法。

具有不饱和结构的有机化合物,特别是芳香族化合物,在近紫外区有特征吸收。其紫外吸收光谱是由分子中的价电子(σ电子、π电子和未成键孤对电子n电子)跃迁而产生

的。所以常见的电子跃迁类型为:$\sigma \to \sigma^*$、$\pi \to \pi^*$、$n \to \sigma^*$、$n \to \pi^*$跃迁。

$\sigma \to \sigma^*$跃迁:需能量较高,相当于真空紫外。饱和烃的C-C、C-H键属于这种跃迁。

$n \to \sigma^*$跃迁:能量比$\sigma \to \sigma^*$跃迁稍低。含O、N、S、Cl等杂原子的饱和烃中,除$\sigma \to \sigma^*$跃迁外还有$n \to \sigma^*$跃迁,在近紫外段的200 nm附近。

$\pi \to \pi^*$跃迁:双键、三键上的价电子跃迁到π^*形成的跃迁,吸收峰大都小于200 nm,属于强吸收。共轭烯、炔中的$\pi \to \pi^*$跃迁的吸收峰称K吸收带,比非共轭的$\pi \to \pi^*$的波长长,共轭体系越大,吸收带波长越长。

苯环上$\pi \to \pi^*$跃迁有三个吸收带:E_1带($\lambda_{max}=180$ nm,$\varepsilon=60\ 000$ L·cm^{-1}·mol^{-1}),E_2带($\lambda_{max}=204$ nm,$\varepsilon=8\ 000$ L·cm^{-1}·mol^{-1}),两者都属于强吸收带,B带(230~270 nm,其$\lambda_{max}=254$ nm,$\varepsilon=200$ L·cm^{-1}·mol^{-1})。B带在非极性溶剂中有精细结构,用于芳香化合物的鉴定,但在极性溶剂中精细结构消失。当苯环上有取代基时,苯的三个吸收带都将发生显著变化,苯的B带显著红移(即向长波方向移动),并且吸收强度增大。稠环芳烃均显示苯的三个吸收带,但均发生红移且吸收强度增加。

$n \to \pi^*$跃迁:含杂原子的双键化合物如C═O、C═N等,杂原子上有n电子,同时又有π^*轨道,形成$n \to \pi^*$跃迁。吸收光波长在近紫外区内,亦称R吸收带。这种跃迁属于禁阻跃迁,吸收较弱。

在相同条件下,测定已知纯物质和未知物的紫外吸收光谱,然后将二者做一对比,如果二者吸收光谱完全一致,则可认为属于同一种化合物,至少可以说明它们的生色团和分子母核是相同的。

【仪器与试剂】

1. 仪器

紫外-可见分光光度计;带盖石英比色皿(1.0 cm);10 mL具塞比色管,5支。

实验前必须仔细阅读仪器的操作说明书,了解仪器的功能并掌握仪器的使用方法。

2. 试剂

苯的环己烷溶液(1∶250);甲苯的环己烷溶液(1∶250);苯酚的环己烷溶液(0.3 g/L);苯胺的环己烷溶液(1∶3 000);苯甲酸的环己烷溶液(0.8 g/L)。

【实验步骤】

1. 苯的吸收光谱图测绘

在石英吸收池中,加入苯的环己烷溶液,加盖,用手心温热吸收池下方片刻,以空白石英比色皿做参比,从(220~300) nm进行波长扫描。绘制吸收光谱。

2. 苯取代物的吸收光谱图测绘

在5支10 mL具塞比色管中,分别加入苯、甲苯、苯酚、苯甲酸、苯胺的环己烷溶液各1.0 mL,用环己烷稀释至刻度,摇匀。在带盖的石英比色皿中,以环己烷做参比,从(220~350) nm进行波长扫描。绘制吸收光谱。

3. 未知物吸收光谱图绘制

扫描未知物的紫外吸收光谱,绘制谱图。

【讨论】

(1)观察各吸收光谱的图形,找出 λ_{max}。判断各取代物相对于苯红移了多少纳米。

(2)对比谱图,判断未知物是什么。

(3)分子中哪类电子的跃迁将会产生紫外吸收光谱?

实验2　紫外吸收光谱法检测食品防腐剂

【实验目的】

1. 通过实验了解两种食品防腐剂的紫外光谱吸收特性，并利用这些特性对食品中所含的防腐剂进行定性鉴定。

2. 掌握最小二乘法及计算机处理光度分析数据的方法，并对食品中防腐剂浓度进行定量的测定。

【实验原理】

为了防止食品在储存、运输过程中发生质变、腐败，常在食品中添加少量防腐剂。防腐剂使用的品种和用量在食品卫生标准中都有严格的规定。苯甲酸和山梨酸以及它们的钠盐、钾盐是食品卫生标准允许使用的两种主要防腐剂。苯甲酸具有芳香结构，在波长228 nm和272 nm处有K吸收带和B吸收带；山梨酸具有2,4二烯键及羰基结构，在波长255 nm处有$\pi\rightarrow\pi^*$跃迁的K吸收带。因此，根据它们的紫外吸收光谱特征可以对其进行定性鉴定和定量测定。

由于食品中防腐剂用量很少，一般在0.1%左右，同时食品中其他成分也可能产生干扰，因此一般需要预先将防腐剂与其他成分分离，并经提纯浓缩后进行测定。常用的从食品中分离防腐剂的方法有蒸馏法和溶剂萃取法。

本实验采用溶剂萃取的方法，用乙醚将防腐剂从样品中提取出来，再经碱性水溶液处理及$C_2H_5OC_2H_5$提取以达到分离、提纯的目的。

采用最小二乘法处理标准溶液的浓度和吸光度数据，以求得浓度与吸光度之间的线性回归方程，并根据线性方程计算样品中防腐剂的含量。

【仪器与试剂】

1. 仪器

岛津UV-1201型分光光度计；分液漏斗（150 mL、250 mL）；容量瓶（10 mL、25 mL、100 mL）；吸量管（1 mL、2 mL、5 mL）；分析天平。

2. 试剂

苯甲酸；山梨酸；乙醚（$C_2H_5OC_2H_5$）；NaCl；1% $NaHCO_3$水溶液；HCl溶液（0.05 mol/L、2 mol/L）。

【实验步骤】

1. 样品中防腐剂的分离

称取2.0 g待测样品，用40 mL蒸馏水溶解，移入150 mL分液漏斗中，加入适量的粉状NaCl，待溶解后滴加0.1 mol/L HCl溶液，使溶液的pH<4。依次用30 mL、25 mL、20 mL $C_2H_5OC_2H_5$分三次萃取样品溶液，合并$C_2H_5OC_2H_5$溶液并弃去水相。用两份

30 mL 0.05 mol/L HCl溶液洗涤 $C_2H_5OC_2H_5$ 萃取液，弃去水相。然后用三份 20 mL 1% $NaHCO_3$水溶液依次萃取 $C_2H_5OC_2H_5$ 溶液，合并 $NaHCO_3$ 溶液，用2 mol/L HCl 溶液酸化 $NaHCO_3$ 溶液并多加 1 mL HCl 溶液，将该溶液移入250 mL 分液漏斗中。依次用30 mL、25 mL、20 mL $C_2H_5OC_2H_5$ 分3次萃取已酸化的 $NaHCO_3$ 溶液，合并 $C_2H_5OC_2H_5$ 溶液并移入100 mL容量瓶中，用 $C_2H_5OC_2H_5$ 定容后，吸取2 mL 于 10 mL 容量瓶中，定容后供紫外光谱测定。

如测定试样中无干扰组分，则无需分离，可直接测定，以雪碧为例，吸取 1 mL 试样在50 mL 容量瓶中用蒸馏水稀释定容即可供紫外光谱测定。

2. 定性鉴定

取经提纯稀释后的 $C_2H_5OC_2H_5$ 萃取液（或水溶液），用1 cm 比色皿，以 $C_2H_5OC_2H_5$（或蒸馏水）为参比，在波长 210～310 nm 内作紫外吸收光谱，根据其吸收峰波长、吸收强度以及与苯甲酸和山梨酸标准样品吸收光谱的对照，确定防腐剂的种类。

3. 定量测定

(1)配制苯甲酸（或山梨酸）标准溶液。准确称取 0.10 g（准确至 0.1 mg）标准溶液样品，用 $C_2H_5OC_2H_5$（或 H_2O）溶解，移入 25 mL 容量瓶中定容，吸取 1 mL 该溶液用 $C_2H_5OC_2H_5$（或 H_2O）定容至25 mL，此溶液含标准样品为 0.16 mg/mL，作为储备液。吸取5 mL 储备液于25 mL 容量瓶中，定容后成为浓度为32 μg/mL 的标准溶液。

分别吸取标准溶液 0.5 mL、1.0 mL、1.5 mL、2.0 mL 和 2.5 mL 于5支10 mL 容量瓶中，用 $C_2H_5OC_2H_5$（或 H_2O）定容。

(2)用1 cm 比色皿，以 $C_2H_5OC_2H_5$（或 H_2O）作参比，以苯甲酸或山梨酸 K 吸收带最大吸收波长为入射光，分别测定上述五个标准溶液的吸光度。

(3)用步骤(2)中进行定性鉴定后样品的 $C_2H_5OC_2H_5$ 萃取液（或稀释液），按上述测标准液同样的方法测定其吸光度。

【数据处理】

1. 记录数据

将实验测定的标准溶液质量浓度和吸光度数据填入表1.1中。

表1.1　实验测定数据

实验次数 n	1	2	3	4	5
$\rho/(\mu g \cdot mL^{-1})$					
吸光度/A					

2. 计算机绘制标准曲线并求线性回归方程及相关系数

打开 Windows 操作系统，执行 EXCEL 应用程序，将实验测得的吸光度数据及标准溶液的浓度数据分别填入第一列和第二列单元格，选定上述数据区域，用鼠标点击“图标向导”图标，选择 *X*-*Y* 散点图形中的非连线方式，点击“下一步”至“完成”，即可得吸光度和质量浓度数据的散点图。选定这些点后,用鼠标点击打开主菜单上的“图标”,并从图表菜单上选择“添加趋势线”,在“显示 R^2”复选框,然后点击“完成”,即可在上述 $X-Y$ 散点图上出现一条回归直线、线性回归方程及相关系数。用相关系数可评价实验数据的好坏。

3. 计算结果

将样品的吸光度数据代入线性回归方程,可得样品溶液中防腐剂的浓度。

【讨论】

(1)是否可以用苯甲酸的 B 吸收带进行定量分析?此时标准溶液的浓度范围应是多少?

(2)萃取过程经常会出现乳化或不易分层现象,应采取什么方法加以解决?

(3)如果样品中同时含有苯甲酸和山梨酸两种防腐剂,是否可以不经分离分别测定它们的含量?请设计一个同时测定样品中苯甲酸和山梨酸浓度的方法。

实验3 溶剂极性及溶液酸碱性对紫外吸收光谱的影响

【实验目的】

1. 观察溶剂极性对丁酮吸收光谱的影响。
2. 观察 pH 对苯酚吸收光谱的影响。
3. 巩固紫外-可见分光光度计的使用。

【实验原理】

溶剂极性的变化会使有机物的紫外吸收光谱形状发生改变。当溶剂由非极性改变到极性时,精细结构消失,吸收带变平滑。例如,苯酚在非极性溶剂中,在 270 nm 处会出现中等强度的吸收峰并有精细结构,但在极性溶剂中,精细结构变得不明显或消失,B 带成宽的包状。溶剂的极性也会使吸收波长发生改变。极性大的溶剂会使 $\pi \rightarrow \pi^*$ 跃迁产生的吸收带发生红移,而使 $n \rightarrow \pi^*$ 跃迁产生的吸收带发生蓝移。

当被测物质具有酸性或碱性基团时,溶剂 pH 值的变化对光谱的影响较大。利用溶剂 pH 值对光谱的影响,可测定化合物结构中的酸性或碱性基团。

【仪器与试剂】

1. 仪器

紫外-可见分光光度计;带盖石英比色皿(1.0 cm);10 mL 具塞比色管,5 支。

2. 试剂

甲醇、乙醇、氯仿、正己烷、丁酮;苯酚的环己烷溶液(0.4 g/L);苯胺的环己烷溶液(1∶3000);0.1 mol/L HCl 溶液;0.1 mol/L NaOH 溶液。

【实验步骤】

1. 溶剂性质对紫外吸收光谱的影响

(1)在 5 个 10 mL 具塞比色管中,分别加入 4 滴丁酮,然后分别用水、甲醇、乙醇、氯仿、正己烷稀释至刻度,摇匀。用石英比色皿,以各自的溶剂为参比,从(200~350) nm 进行波长扫描,绘制吸收光谱。比较吸收光谱 λ_{max} 的变化。

(2)溶液的酸碱性对苯酚、苯胺吸收光谱的影响:在三个 10 mL 具塞比色管中,各加入苯酚的水溶液 0.50 mL,分别用水、0.1 mol/L HCl、0.1 mol/L NaOH 溶液稀释至刻度,摇匀。用石英比色皿,以水为参比,从(220~350) nm 进行波长扫描,绘制吸收光谱。同样的方法绘制苯胺的吸收光谱。比较吸收光谱 λ_{max} 的变化。

2. 乙醇中杂质苯的检查

以纯乙醇为参比溶液,在(200~300) nm 波长范围内扫描乙醇试样的吸收光谱。

【讨论】

(1)判断随着溶剂性质变化,丁酮 λ_{max} 有何变化?为什么?

(2)判断 pH 值的改变对苯酚、苯胺的 λ_{max} 有何影响?为什么?

(3)结合实验 1 和实验 2 的谱图分析,该乙醇样品中是否含有苯或苯的取代物?

实验4　钢中铬和锰的同时测定

【实验目的】

1. 掌握纯物质溶液吸光系数的测定方法。
2. 掌握多组分体系中元素的测定方法。
3. 学会利用吸光度加和原理,同时定量测定铬和锰二元混合物。

【实验原理】

混合物中的两种物质若吸收峰不重叠,可以通过分别选定测量波长进行不分离测定。若混合物中组分的吸收峰有明显重叠,由于相互干扰,不能用上述方法当做单组分处理,否则会带来很大误差。当吸收峰重叠时,总吸光度应为各物质在该波长吸光度之和,称为吸光度加和原理。测定铬和锰混合物时,经氧化处理为 MnO_4^- 和 $Cr_2O_7^{2-}$,分别选择二者的最大吸收波长处的测吸光度,就出现叠加现象。

铬和锰都是钢中常见的有益元素,尤其在合金中应用比较广泛。铬和锰在钢中除了以金属状态存在于固溶体中外,还以碳化物、硅化物、硫化物、氧化物、氮化物等形式存在。

准确称取试样,经酸解后,生成 Mn^{2+} 和 Cr^{3+},加入 H_3PO_4 以掩蔽 Fe^{3+} 的干扰。在酸性条件下,用 $AgNO_3$ 作催化剂,加入过量的氧化剂 $(NH_3)_2S_2O_8$,将 Mn^{2+} 和 Cr^{3+} 分别氧化成 $Cr_2O_7^{2-}$、MnO_4^-,反应如下

$$2Mn^{2+}+5S_2O_8^{2-}+8H_2O \xrightarrow{Ag^+} 2MnO_4^-+10SO_4^{2-}+16H^+$$

$$2Cr^{3+}+3S_2O_8^{2-}+7H_2O \xrightarrow{Ag^+} Cr_2O_7^{2-}+6SO_4^{2-}+14H^+$$

生成的混合溶液中,MnO_4^- 和 $Cr_2O_7^{2-}$ 相互之间没有作用。若二者最大吸收波长互不重叠,则可以分别测定其含量;若两部分的吸收光谱有重叠,则根据吸光度叠加原理,在某一特定波长处,系统总的吸光度应等于二者吸光度之和。分别测系统在两个不同波长 λ_1 和 λ_2 时的吸光度,则

$$A_{\lambda1}^{Cr+Mn}=A_{\lambda1}^{Cr}+A_{\lambda1}^{Mn}=\varepsilon_{\lambda1}^{Cr}bc_{Cr}+\varepsilon_{\lambda1}^{Mn}bc_{Mn} \tag{1.1}$$

$$A_{\lambda2}^{Cr+Mn}=A_{\lambda2}^{Cr}+A_{\lambda2}^{Mn}=\varepsilon_{\lambda2}^{Cr}bc_{Cr}+\varepsilon_{\lambda2}^{Mn}bc_{Mn} \tag{1.2}$$

式中,$\varepsilon_{\lambda1}^{Cr}$、$\varepsilon_{\lambda2}^{Cr}$、$\varepsilon_{\lambda1}^{Mn}$ 和 $\varepsilon_{\lambda2}^{Mn}$ 分别代表波长 λ_1 和 λ_2 时 $Cr_2O_7^{2-}$ 和 MnO_4^- 的摩尔吸光系数。

分别配制 $Cr_2O_7^{2-}$ 和 MnO_4^- 纯物质的标准溶液,分别在 λ_1 和 λ_2 测其吸光度 A,则可据朗伯-比尔定律求解 $\varepsilon_{\lambda1}^{Cr}$、$\varepsilon_{\lambda2}^{Cr}$、$\varepsilon_{\lambda1}^{Mn}$ 和 $\varepsilon_{\lambda2}^{Mn}$ 值。

将测得的混合物在 λ_1 和 λ_2 时的吸光度 A 及 ε 值分别代入式(1.1)和(1.2),联立方程组,求解,即可计算出钢样中铬和锰的含量。

【仪器与试剂】

1. 仪器

分光光度计;50 mL 具塞比色管;移液管;容量瓶等。

2. 试剂

(1)铬标准溶液(1.0 mg/mL):准确称取3.734 g于110 ℃干燥2 h的分析纯K_2CrO_4,加适量水溶解,移入1 000 mL容量瓶中,用水稀释至刻度,摇匀。

(2)锰标准溶液(1.0 mg/mL):准确称取0.687 3 g于450 ℃灼烧过的分析纯$MnSO_4$,溶于适量水中,移入250 mL容量瓶中,稀释至刻度,摇匀。

(3)$H_3PO_4-H_2SO_4$混合酸($H_3PO_4 : H_2SO_4 : H_2O = 15 : 15 : 70$);$AgNO_3$溶液(0.5 mol/L);$(NH_4)_2S_2O_8$固体;$KIO_3$固体。

【实验步骤】

1. 吸光系数的测定

(1)准确称取5.0 mL的K_2CrO_4标准溶液于100 mL容量瓶中,加入2.5 mL浓H_2SO_4和2.5 mL浓H_3PO_4,用水稀释至刻度,摇匀,制得$Cr_2O_7^{2-}$溶液。计算$Cr_2O_7^{2-}$溶液浓度。

(2)准确称取2.5 mL锰标准溶液于250 mL锥形瓶中,加入2.5 mL浓H_2SO_4和2.5 mL浓H_3PO_4,再加入4滴0.5 mol/L的$AgNO_3$溶液、40 mL水和5g $(NH_4)_2S_2O_8$固体,加热并摇动使$(NH_4)_2S_2O_8$固体溶解,保持微沸5 min,稍冷后,加入0.5g KIO_3固体,再微沸5 min,冷却,移入100 mL容量瓶中,稀释至刻度,摇匀,制得MnO_4^-溶液。计算MnO_4^-溶液浓度。

(3)用厚度为1.0 cm比色皿在波长为(420~700) nm内,分别测量$Cr_2O_7^{2-}$溶液和MnO_4^-溶液的吸收曲线。分别找出$Cr_2O_7^{2-}$和MnO_4^-的最大吸收波长,并测量两个最大吸收波长处$Cr_2O_7^{2-}$和MnO_4^-混合溶液的吸光度,根据溶液浓度分别计算$\varepsilon_{\lambda1}^{Cr}$、$\varepsilon_{\lambda2}^{Cr}$、$\varepsilon_{\lambda1}^{Mn}$和$\varepsilon_{\lambda2}^{Mn}$。

2. 样品中Cr和Mn的测定

(1)样品的处理,准确称取钢样0.5 g,置于250 mL锥形瓶中,加入40 mL的$H_3PO_4-H_2SO_4$混合酸,加热分解试样(如有黑色不溶物,则需小心加入5 mL浓HNO_3加热至有白烟生成)。冷却后,将溶液稀释至50 mL左右(特别小心注意防止溶液溅出),如有沉淀,应加热溶解。冷却后,移至1 000 mL容量瓶中,加水稀释至刻度,摇匀。

(2)用移液管准确取25 mL试样溶液(如浑浊可用干滤纸过滤后用),置于250 mL锥形瓶中,加入2.5 mL浓H_2SO_4和2.5 mL浓H_3PO_4,再加入4滴0.5 mol/L的$AgNO_3$溶液,加入40 mL水和5 g的$(NH_4)_2S_2O_8$固体,加热并摇动使$(NH_4)_2S_2O_8$固体溶解,保持微沸5 min,稍冷后,加入0.5 g的KIO_3固体,再微沸5 min,冷却,移入100 mL容量瓶中,稀释至刻度,摇匀。

(3)另取一份试样,同上述(2)方法处理,但不加氧化剂浓H_2SO_4和浓H_3PO_4,作为空白溶液。

(4)用1.0 cm的比色皿,以空白溶液作参比,分别在两个最大吸收波长处测定试样的吸光度。

【讨论】

(1)将各ε值及测得的吸光度A值分别代入式(1.1)和式(1.2)中,解方程组,求出试液中Cr和Mn的浓度,计算钢样中Cr和Mn的浓度。

(2)在分光光度法中如何选择参比溶液?

(3)利用分光光度法测定溶液中多组分含量时,如何选择测定波长?

(4)本实验影响测定结果准确性的因素有哪些?

实验5 纳氏比色法测定水中氨氮的含量

【实验目的】

1. 了解水中氨氮的预蒸馏方法。

2. 掌握分光光度法测定氨氮的方法、原理和步骤。

【实验原理】

水中氨氮是环境监测、水产养殖等方面的例行分析项目。氨氮的测定方法,通常有纳氏试剂分光光度法、苯酚-次氯酸盐(或水杨酸-次氯酸盐)比色法和电极法等。目前一般采用纳氏试剂分光光度法,该法操作简便,灵敏度高。但是,钙、镁、铁等金属离子,以及硫化物,醛、酮类物质,水中色度和混浊等,会干扰测定,需要作相应的预处理。

纳氏试剂法测氨氮的基本原理:

在碱性条件下,纳氏试剂与氨定量反应生成黄棕色胶态配合物$[Hg_2ONH_2]I$

$$\underset{}{NH_3} + \underset{\text{纳氏试剂}}{2K_2HgI_4} + 3KOH = \underset{\text{黄棕色}}{[Hg_2ONH_2]I} + 7KI + 2H_2O$$

在波长420 nm处测其吸光度,用标准曲线法求水中氨氮的含量。

本法最低检出浓度为0.025 mg/L,测定上限为2 mg/L。水样作适当的预处理后,本法可适用于地面水、地下水、工业废水和生活污水。当氨氮含量较高时,可采用蒸馏-酸滴定法。

【仪器与试剂】

1. 仪器

(1)带氮球的定氮蒸馏装置;铁架台;500 mL凯氏烧瓶;氮球;直形冷凝管;磁力搅拌器;250 mL锥形瓶。

(2)分光光度计;pH计;50 mL比色管7支;1 mL、20 mL移液管各一支;100 mL、250 mL、500 mL、1 000 mL容量瓶各一只。

2. 试剂

(1)无氨水:每升蒸馏水中加0.1 mL硫酸,在全玻璃蒸馏器中重蒸馏,弃去50 mL初馏液,接取其余馏出液于具塞磨口的玻璃瓶中,密塞保存。以下配制溶液均用此无氨水。

(2)酸溶液:1 mol/L盐酸溶液;1 mol/L氢氧化钠溶液;轻质氧化镁(将氧化镁在500 ℃下加热,以除去碳酸盐);0.05%溴百里酚蓝指示液(pH为6.0~7.6);硼酸溶液(称取20 g硼酸溶于水,稀释至1 L);0.01 mol/L硫酸溶液。

(3)纳氏试剂:称取16 g氢氧化钠,溶于50 mL水中,充分冷却至室温。另称取7 g碘化钾和10 g碘化汞(HgI_2)溶于水中,然后将此溶液在搅拌下徐徐注入氢氧化钠溶液中。用水稀释至100 mL,贮于聚乙烯瓶中,密封暗处保存。注意:纳氏试剂剧毒,注意防护,防止吸入!

(4)酒石酸钾钠溶液:称取 50 g 酒石酸钾钠($KNaC_4H_4O_6 \cdot 4H_2O$)溶于 100 mL 水中,加热煮沸以除去氨,放冷,定容至 100 mL。

(5)铵标准贮备溶液:称取 3.819 g 经干燥的氯化铵(NH_4Cl)溶于水中,移入 1 000 mL 容量瓶中,稀释至标线。此溶液含氨氮 1.00 mg/mL。

(6)铵标准使用溶液:移取 5.00 mL 铵标准贮备液于 500 mL 容量瓶中,用水稀释至标线。此溶液含氨氮 0.01 mg/mL。

【实验步骤】

1. 水样预处理

取 250 mL 水样(如氨氮浓度大于 1 mg/L,可直接采用纳氏试剂光度法测定;若小于 1 mg/L或水样的颜色或浊度较高时,应预先用蒸馏法将 NH_3 蒸出,再用纳氏试剂光度法测定),移入凯氏烧瓶中,加数滴溴百里酚蓝指示液,用氢氧化钠溶液或盐酸溶液调节至 pH 为7 左右。加入 0.25 g 轻质氧化镁和数粒玻璃珠,立即连接氮球和冷凝管,导管下端插入吸收液(50 mL 硼酸溶液)液面下。加热蒸馏,至馏出液达 200 mL 时,将导管离开吸收液面,再停止加热蒸馏。用无氨水定容至 250 mL。

2. 标准曲线的绘制

分别吸取(0、0.50、1.00、3.00、5.00、7.00 和 10.00) mL 铵标准使用液于 50 mL 比色管中,编号,分别加水至刻度线,再加 1.0 mL 酒石酸钾钠溶液,混匀。加 1.5 mL 纳氏试剂,混匀。放置 10 min 后,在波长 420 nm 处,用光程 2 cm 比色皿,以 1 号空白为参比,测定吸光度。绘制以吸光度对氨氮浓度(mg/mL)的标准曲线。

3. 水样的测定

吸取 20 mL 经蒸馏预处理后的水样,加入 50 mL 比色管中,加一定量 1 mol/L 氢氧化钠溶液以中和硼酸,稀释至标线。加 1.0 mL 酒石酸钾钠溶液,混匀,再加 1.5 mL 纳氏试剂,混匀。放置 10 min 后,同标准曲线步骤测量吸光度。

【讨论】

(1)准确记录数据,绘制标准曲线。

表 1.2 氨氮测定数据记录表

编　　号	1	2	3	4	5	6	7
标准使用液体积/mL	0.00	0.50	1.00	3.00	5.00	7.00	10.00
氨氮质量/mg	0.00						
50 mL 标液氨氮浓度/($mg \cdot L^{-1}$)	0.00						
吸光度	0.00						

(2)水样氨氮含量计算

由水样测得的吸光度,从标准曲线上查得水样氨氮浓度(mg/L)。

(3)水样预蒸馏结束前,为什么要将导管离开液面之后,再停止加热?

【注意事项】

(1)若水样未经蒸馏,则测定时不需加 1 mol/L 氢氧化钠。

(2)水样中如含有余氯,会与氨生成氯胺,不能与纳氏试剂生成显色化合物,干扰测定。遇此情况,可在含有余氯的水样中加入适量还原剂(如 0.35% $Na_2S_2O_3$ 溶液)消除干扰后测定。

(3)水样预蒸馏需在弱碱性溶液中进行,否则 pH 过高促使有机氮水解,使结果偏高;pH 过低,氨不能被完全蒸馏出,使结果偏低。

(4)纳氏试剂剧毒,注意防护,防止吸入!

实验6　水中挥发酚的测定

【实验目的】

掌握用蒸馏法预处理水样的方法和用分光光度法测定挥发酚的实验技术。

【实验原理】

挥发酚类通常指沸点在230 ℃以下的酚类，属一元酚，是高毒物质。生活饮用水和Ⅰ、Ⅱ类地表水水质限值均为0.002 mg/L，污染中最高容许排放浓度为0.5 mg/L(一、二级标准)。测定挥发酚类的方法有4-氨基安替比林分光光度法、溴化滴定法、气相色谱法等。本实验采用4-氨基安替比林分光光度法测定废水中挥发酚。

【仪器与试剂】

1. 仪器

500 mL全玻璃蒸馏器;50 mL具塞比色管;分光光度计。

2. 试剂

(1)无酚水:于1 L中加入0.2 g经200 ℃活化0.5 h的活性炭粉末，充分振摇后，放置过夜。用双层中速滤纸过滤，滤出液储于硬质玻璃瓶中备用。或加氢氧化钠使水呈强碱性，并滴加高锰酸钾溶液至紫红色，移入蒸馏瓶中加热蒸馏，收集馏出液备用。

(2)硫酸铜溶液:称取50 g硫酸铜($CuSO_4 \cdot 5H_2O$)溶于水，稀释至500 mL。

(3)磷酸溶液:量取10 mL85%的磷酸用水稀释至100 mL。

(4)甲基橙指示剂:称取0.05 g甲基橙溶于100 mL水中。

(5)苯酚标准储备液:称取1.00 g无色苯酚溶于水，移入1 000 mL容量瓶中，稀释至标线，置于冰箱内备用。该溶液按下述方法标定:

吸取10.00 mL苯酚标准储备液于250 mL碘量瓶中，加100 mL水和10.00 mL 0.100 0 mol/L溴酸钾-溴化钾溶液，立即加入5 mL浓盐酸，盖好瓶塞，轻轻摇匀，于暗处放置10 min。加入1 g碘化钾，密塞，轻轻摇匀，于暗处放置5 min后，用0.125 mol/L硫代硫酸钠标准溶液滴定至淡黄色，加1 mL淀粉溶液，继续滴定至蓝色刚好褪去，记录用量。以水代替苯酚储备液做空白试验，记录硫代硫酸钠标准溶液用量。苯酚储备液浓度按下式计算

$$苯酚(mg/L)=\frac{(V_1-V_2)c\times 15.68}{V}$$

式中　V_1——空白试验消耗硫代硫酸钠标准溶液量，mL;

V_2——滴定苯酚标准储备液时消耗硫代硫酸钠标准溶液量，mL;

V——取苯酚标准储备液体积，mL;

c——硫代硫酸钠标准溶液浓度，mol/L;

15.68——苯酚摩尔($1/6C_6H_5OH$)质量，g/mol。

(6)苯酚标准中间液:取适量苯酚贮备液,用水稀释至每毫升含 0.010 mg 苯酚。使用时当天配制。

(7)溴酸钾-溴化钾标准参考溶液[$c(1/6KBrO_3)$=0.1 mol/L]:称取 2.784 g 溴酸钾($KBrO_3$)溶于水,加入 10 g 溴化钾(KBr),使其溶解,移入 1 000 mL 容量瓶中,稀释至标线。

(8)碘酸钾标准溶液[$c(1/6KIO_3)$=0.250 mol/L]:称取预先经 180 ℃烘干的碘酸钾 0.891 7 g 溶于水,移入 1 000 mL 容量瓶中,稀释至标线。

(9)硫代硫酸钠标准溶液:称取 6.2 g 硫代硫酸钠($Na_2S_2O_3 \cdot 5H_2O$)溶于煮沸放冷的水中,加入 0.2 g 碳酸钠,稀释至 1 000 mL,临用前,用下述方法标定。

吸取 20.00 mL 碘酸钾溶液于 250 mL 碘量瓶中,加水稀释至 100 mL,加 1 g 碘化钾,再加 5 mL(1+5)硫酸,加塞,轻轻摇匀。置暗处放置 5 min,用硫代硫酸钠溶液滴定至淡黄色,加 1 mL 淀粉溶液,继续滴定至蓝色刚褪去为止,记录硫代硫酸钠溶液用量。按下式计算硫代硫酸钠溶液浓度(mol/L)

$$c_{Na_2S_2O_3 \cdot 5H_2O}=\frac{0.025\,0\times V_4}{V_3}$$

式中 V_3——硫代硫酸钠标准溶液消耗量, mL;

V_4——移取碘酸钾标准溶液量, mL;

0.025 0——碘酸钾标准溶液浓度, mol/L。

(10)淀粉溶液:称取 1 g 可溶性淀粉,用少量水调成糊状,加沸水至 100 mL,冷后,置冰箱内保存。

(11)缓冲溶液(pH 约为 10):称取 2 g 氯化铵(NH_4Cl)溶于 100 mL 氨水中,加塞,置于冰箱中保存。

(12)2%(m/V)4-氨基安替比林溶液:称取 4-氨基安替比林($C_{11}H_{13}N_3O$)2 g 溶于水,稀释至 100 mL,置于冰箱内保存。可使用一周。

注:固体试剂易潮解、氧化,宜保存在干燥器中。

(13)8%(m/V)铁氰化钾溶液:称取 8 g 铁氰化钾{$K_3[Fe(CN)_6]$}溶于水,稀释至 100 mL,置于冰箱内保存。可使用一周。

【实验步骤】

1. 水样预处理

(1)量取 250 mL 水样置于蒸馏瓶中,加数粒小玻璃珠以防暴沸,再加二滴甲基橙指示液,用磷酸溶液调节至 pH=4(溶液呈橙红色),加 5.0 mL 硫酸铜溶液(如采样时已加过硫酸铜,则补加适量)。如加入硫酸铜溶液后产生较多量的黑色硫化铜沉淀,则应摇匀后放置片刻,待沉淀后,滴加硫酸铜溶液,至不再产生沉淀为止。

(2)连接冷凝器,加热蒸馏,至蒸馏出约 225 mL 时,停止加热,放冷。向蒸馏瓶中加入 25 mL 水,继续蒸馏至馏出液为 250 mL 为止。蒸馏过程中,如发现甲基橙的红色褪去,应在蒸馏结束后,再加 1 滴甲基橙指示液。如发现蒸馏后残液不呈酸性,则应重新取样,增加磷酸加入量,进行蒸馏。

2. 标准曲线的绘制

于一组8支50 mL比色管中，分别加入(0、0.50、1.00、3.00、5.00、7.00、10.00、12.50) mL苯酚标准中间液，加水至50 mL标线。加0.5 mL缓冲溶液，混匀，此时pH值为10.0±0.2，加4-氨基安替比林溶液1.0 mL，混匀。再加1.0 mL铁氰化钾溶液，充分混匀，放置10 min后立即于510 nm波长处，用2 cm比色皿，以水为参比，测量吸光度。经空白校正后，绘制吸光度对苯酚含量(mg)的标准曲线。

3. 水样的测定

分取适量馏出液于50 mL比色管中，稀释至50 mL标线。用与绘制标准曲线的相同步骤测定吸光度，计算减去空白试验后的吸光度。空白试验是以水代替水样，经蒸馏后，按与水样相同的步骤测定。水样中挥发酚类的含量按下式计算

$$\text{挥发酚类(以苯酚计,mg/L)} = \frac{m}{V} \times 1\,000$$

式中 m——水样吸光度经空白校正后从标准曲线上查得的苯酚含量，mg；

V——移取馏出液体积，mL。

【注意事项】

(1)如水样含挥发酚较高，移取适量水样并加至250 mL进行蒸馏，则在计算时应乘以稀释倍数。如水样中挥发酚类浓度低于0.5 mg/L时，采用4-氨基安替比林萃取分光光度法。

(2)当水样中含游离氯等氧化剂，硫化物、油类、芳香胺类及甲醛、亚硫酸钠等还原剂时，应在蒸馏前先做适当的预处理。处理方法参阅《水和废水监测分析方法》(第四版)第四编第二章。

【数据处理】

(1)绘制吸光度-苯酚含量(mg)标准曲线。

(2)计算所取水样中挥发酚类含量(以苯酚计，mg/L)。

(3)根据实验情况，分析影响测定结果准确度的因素。

[注]详细参见《中华人民共和国环境保护标准》HJ 503—2009

附：气相色谱法测定酚类组分的分析

气相色谱法能测定含酚浓度1 mg/L以上的废水中简单酚类组分的分析。其中难分离的异构体及多元酚的分析，可以通过选择其他固定液或配合衍生化技术予以解决。

一、仪器

气相色谱仪。

二、试剂

1. 载气：高纯度的氮气。

2. 氢气：高纯度的氢气。

3. 水：要求无酚高纯水，可用离子交换树酯及活性碳处理，在色谱仪上检查无杂质峰。

4. 酚类化合物:要求高纯度的基准,可采用重蒸馏、重结晶或制备色谱等方法纯制。根据测试要求,可准备下列标准物质:酚、邻二甲酚、对二甲酚、邻二氯酚、间二氯酚、对二氯酚等 1~5 种二氯酚,1~6 种二甲酚等。

三、色谱条件

1. 固定液:5%聚乙二醇+1%对苯二甲酸(减尾剂)。

2. 担体:101 酸洗硅烷化白色担体,或 Chromosorb W(酸洗、硅烷化),60~80 目。

3. 色谱柱:柱长(1.2~3) m,内径(3~4) mm。

4. 柱温:114~118 ℃。

5. 检测器:氢火焰检测器,温度 250 ℃。

6. 气化温度:300 ℃。

7. 载气:N_2 流速(20~30) mL/min。

8. 氢气:流速(25~30) mL/min。

9. 空气:流速 500 mL/min。

10. 记录纸速度:(300~400) mm/h。

四、测定步骤

1. 标准溶液的配制:配单一标准溶液及混合标准溶液,先配制每种组分的浓度为 1 000.0 mg/L,然后再稀释配成(100.0、10.0、1.0) mg/L 三种浓度;混合标准溶液中各组分的浓度分别为(100.0、10.0、1.0) mg/L。

2. 色谱柱的处理:在(180~190) ℃的条件下,通载气(20~40) mL/min,预处理(16)~20 h。

3. 保留时间的测定:在相同的色谱条件下,分别将单一组分标准溶液注入,测定每种组分的保留时间,并求出每种组分对苯酚的相对保留时间(以苯酚为 1),以此作出定性的依据。

4. 响应值的测定:在相同的浓度范围和相同色谱条件下,测出每种组分的色谱峰面积,然后求出每种组分的响应值及每组分对苯酚响应值比率,公式如下

$$\text{响应值}=\frac{\text{某组分的浓度(mg/L)}}{\text{某组分的峰面积(mm}^2\text{)}}$$

$$\text{响应值比率}=\frac{\text{某组分的浓度(mg/L)}}{\text{某组分的峰面积(mm}^2\text{)}}\Big/\frac{\text{苯酚浓度}}{\text{苯酚峰面积}}$$

5. 水样的测定:根据预先选择好的进样量及色谱仪的灵敏度范围,重复注入试样三次,求得每种组分的平均峰面积。

五、计算

$$c_i(\text{mg/L})=A_i\times\frac{c_{\text{酚}}}{A_{\text{酚}}}\times K_i$$

式中 c_i——待测组分 i 的浓度, mg/L;

A_i——待测组分 i 的峰面积, mm^2;

$c_{\text{酚}}$——苯酚的浓度, mg/L;

$A_{\text{酚}}$——苯酚的峰面积, mm^2;

K_i——组分 i 的响应值比率。

实验7 乙酸的电位滴定分析及其解离常数的测定

【实验目的】

1. 学习电位滴定法的基本原理和操作技术。

2. 应用 pH−V 曲线确定滴定终点。

3. 学习弱酸离解常数的电位法测定方法。

【实验原理】

电位滴定分析法是仪器分析法的一种,利用滴定分析中化学计量点附近的突跃,以一对适当的电极检测测定过程中电位的变化,从而确定滴定终点,并由此求得待测组分的浓度。

乙酸 CH_3COOH(简写做 HAc)是一种弱酸,其 $pK_a=4.74$,当用标准碱溶液滴定乙酸试液时,在化学计量点可以观察到 pH 值的突跃。

以复合玻璃电极插入试液即组成如下工作电池

$$Ag, AgCl | HCl(0.1\ mol/L) | \text{玻璃膜} | HAc\ \text{试液} || KCl(\text{饱和}) | Hg_2Cl_2, Hg$$

该工作电池的电动势在酸度计上反映出来,并表示为滴定过程的 pH 值。记录加入标准溶液的体积 V,同时测定相应溶液的 pH 值,然后绘制 pH−V 曲线或($\Delta pH/\Delta V$)−V 曲线,求得终点时消耗的标准溶液的体积。根据标准溶液的浓度、消耗的体积和试液的体积,即可求得试液中乙酸的浓度和含量。

根据乙酸的离解平衡　　$HAc = H^+ + Ac^-$

其离解常数

$$K_a=\frac{[H^+][Ac^-]}{[HAc]}$$

当滴定分数为50%时,$[HAc]=[Ac^-]$,此时 $K_a=[H^+]$,即 $pK_a=pH$,因此,在滴定分数为50%处的 pH 值,即为乙酸的 pK_a 值。

【仪器与试剂】

1. 仪器

pHS−3B 型酸度计;复合玻璃电极;磁力搅拌器;50 mL 容量瓶;5 mL 吸量管;20 mL 滴定管。

2. 试剂

0.100 0 mol/L 草酸标准溶液;0.05 mol/L Na_2HPO_4+0.05 mol/L KH_2PO_4 混合溶液;0.05 mol/L邻苯二甲酸氢钾溶液。。

【实验步骤】

1. 打开酸度计电源开关,预热 30 min,接好复合玻璃电极。

2. 用两种标准缓冲溶液对仪器进行两点定位。

3. NaOH 的标定：

(1)准确吸取 5.00 mL 草酸标准溶液于 50 mL 烧杯中，加水至约 30 mL，放入磁力搅拌器。将待标定的 NaOH 溶液装入滴定管，调好零点。

(2)开动搅拌器，开始滴定。开始每次 1 mL 记录一次体积和 pH 值，近终点时，即 pH 值变化较快时每加入 0.1 mL 记录一次体积和 pH 值。

4. 乙酸含量和 pK_a 的测定：

(1)倒掉上述溶液，洗净烧杯，加入 10.00 mL 乙酸溶液，加水至约 30 mL。

(2)仿照标定的 NaOH 溶液的步骤进行滴定，并记录每个点对应的体积和 pH 值数据。

【数据处理】

(1)根据记录的体积和 pH 值数据，计算各点对应的 ΔV 和 ΔpH 的值。

(2)于坐标纸上作出标定 NaOH 溶液的 pH-V 曲线或($\Delta pH/\Delta V$)-V 曲线并确定滴定终点体积 V_{ep}。

(3)计算 NaOH 溶液的准确浓度。

(4)仿照 NaOH 溶液的处理方法，计算乙酸的浓度。

(5)在 pH-V 曲线上，查出体积相当于 $V_{ep}/2$ 的 pH 值，即为乙酸的 pK_a 值。

【讨论】

(1)如果本实验只要求测定乙酸含量，不要求测定 pK_a 值，实验中哪些步骤可以省略？

(2)在标定 NaOH 溶液浓度和测定乙酸含量时，为什么要在近终点和 $V_{ep}/2$ 时增加测量密度。

实验8 液体石蜡、乙基苯、苯甲酸钠红外吸收光谱的测定

【实验目的】

1. 了解红外光谱仪的工作原理及仪器操作方法。

2. 掌握红外光谱测定样品的制备方法并了解其优缺点。

3. 初步学习红外光谱的解析,掌握红外吸收光谱分析的基本方法。

【实验原理】

红外光谱是反映分子振动形式的光谱。当用一定频率的红外光照射某物质分子时,若红外光的频率与该物质分子中某些基团的振动频率相等,则该物质吸收这一波长红外光的辐射能量,使分子由振动基态跃迁到激发态。检测物质分子对不同波长红外光的吸收程度,就可以得到该物质的红外光谱。红外光谱可用于物质结构分析和定量测定。

要获得一张高质量的红外光谱图,除了仪器本身的因素外,尚需合适的样品制备方法。样品的制备在红外光谱测试技术中占有重要地位,如果样品处理方法不当,仪器的性能再好也得不到满意的红外光谱图。不同状态和性质的样品,需选用不同的制备方法。

1. 气体试样

气体试样一般都充入红外气槽内进行测定,它的两端粘合有能透过红外光的窗片。制样时,先用真空泵将气槽抽空,再充入测试气体至合适压力,即可进行样品检测。

2. 液体试样

液体试样一般是放在液体吸收池中,使其形成一定浓度的液膜,然后进行测定。对于一些吸收很强的液体,往往采用将其制成溶液的方法以降低其浓度来获得良好的测试效果。一些气体和固体样品也可采用溶液的方式来进行测试。使用溶液法时,要特别仔细地选择所用的溶剂。对溶剂的一般要求是:对测试样品的溶解度大;在使用范围内无吸收;具有一定的化学惰性,不与被测样品起反应;不腐蚀盐窗。

3. 固体试样

制作固体试样的方法有多种,除溶液法外,常用的有糊状法、粉末法、压片法和薄膜法等。

(1)溶液法

将固体样品配成溶液,然后将溶液充入液体吸收池中进行检测。

(2)糊状法

将样品粉末与糊剂一起研磨成糊状物,然后将糊状物涂在窗片上进行检测。常用的糊剂有液体石蜡、全氟煤油等。糊剂的折射率应与样品相近,本身的红外光谱要简单,不与样品发生反应。由于糊厚度难以掌握,糊状法常用于定性分析。

(3)粉末法

将样品细粉悬浮在易挥发的液体中,将悬浮液转移到盐窗上,溶剂挥发后,样品在盐窗上形成均匀薄层,然后进行检测。粉末法的最大问题是粒子的散射问题,样品的大颗粒

会使入射光发生反射。

(4)压片法

将溴化钾与样品混合研磨,然后将磨细的混合粉末装进模具中,置于压片机上,加压,制成样品薄片进行检测,这是固体样品常用的制样方法。如果粉末研磨得不均匀,大的颗粒会反射入射光,这种杂乱无章的反射降低了样品光束到达检测器上的能量,影响检测结果。为降低散射现象,通常使粉末的颗粒直径小于入射光的波长,即要将粉末研细至 2 μm以下。压制好的晶片要厚薄均匀、透明、无裂痕。

(5)薄膜法

将固体样品制成薄膜来检测,它主要用于高分子化合物的检测。薄膜的制备主要有两种方法:一种是直接加热熔融样品,然后涂制或压制成膜;另一种是先把样品制成溶液,然后蒸干溶剂以形成薄膜,此法常因熔融试样时温度过高,使试样分解或因溶剂未除尽而干扰谱图。

【仪器与试剂】

1. 仪器

傅里叶变换红外光谱仪;压片机(包括压模);窗片池;玛瑙研钵;红外灯;镊子。

2. 试剂

液体石蜡;乙基苯;苯甲酸钠;三氯甲烷;脱脂棉。以上试剂均为分析纯。

【实验步骤】

1. 打开仪器

打开主机、工作站和打印机的开关,预热 10 min。打开红外软件。具体操作参见仪器使用方法。

2. 制样及检测

(1)液体试样的红外光谱测绘

用吸附溶剂(三氯甲烷)的脱脂棉将液体窗片擦拭干净,自然晾干或放于红外灯下烘干备用。液体石蜡是 C_9 ~ C_{22} 直链烷烃混合物(含部分支链烷烃),它的黏度较大,沸点较高。对于这种高沸点的液体,可在一片擦洗干净的窗片上滴一小滴,然后再压上另一片窗片,将其夹在样品支架上。这样制得的样品厚度称为“毛细厚度”。两个窗片之间不能有气泡,否则会产生干涉条纹。

对于沸点较低的液体,可用注射器将样品注入到可拆卸的液体池中。将制好的样品放到红外光谱仪的样品架上,进行扫描。扫描完毕后,用溶剂清洗窗片池。干燥后放入干燥器内。

(2)固体样品的红外光谱测绘

用吸附溶剂的脱脂棉,将模具擦拭干净,自然晾干或放于红外灯下烘干备用。

取 10 mg 左右的苯甲酸钠固体样品于玛瑙研钵内,然后加入约为样品质量 100 倍左右的溴化钾,在红外灯下混合研磨。研磨至颗粒直径小于 2 μm。将适量研磨好的样品装于干净的模具内,加压,维持 5 min。放气卸压后,取出模具脱模,得一圆形样品片。将样品片放于样品支架上。

用纯溴化钾薄片做参比,将制好的样品放到红外光谱仪的样品池中,进行扫描。扫描完毕后,用溶剂清洗压模,干燥后放入干燥器内。

【数据处理】

(1)解析石蜡油的红外光谱

找出:①C—H 伸缩振动吸收峰;②C—H 变形振动吸收峰;③C—H 平面摇摆吸收峰。

(2)解析乙基苯的红外光谱

找出:①芳烃伸缩振动吸收峰;②倍频和组频峰;③芳烃 C—H 面外弯曲振动吸收峰。

(3)解析苯甲酸钠的红外光谱

找出:①芳烃 C—H 伸缩振动吸收峰;②C ═O 的伸缩振动吸收峰;③芳环 C ═C 振动吸收峰。

【注意事项】

(1)盐窗是溴化钾(KBr)或其他金属卤代盐晶体加工而成的,易潮解、易碎、较昂贵,操作时应尽量避免磕碰;装配吸收池紧固螺钉时用力尽量均匀,以免压裂或压碎窗片。

(2)窗片在实验时一定要清洗干净,清洗窗片所用的溶剂一般是四氯化碳、三氯甲烷等,有一定的毒性,操作时应在通风橱内进行。

(3)研磨固体样品时应注意防潮,研磨者不要对着研钵直接呼气。

(4)操作仪器时,应严格按照操作规程进行。

【讨论】

(1)化合物产生红外吸收的基本条件是什么?

(2)红外光谱图能够提供化合物的哪些信息?

(3)在红外光谱的测试中,为什么采用 KBr 晶体做盐窗?

(4)溶液法选择溶剂时应注意哪些问题?

实验9　红外光谱法鉴定化合物的结构

【实验目的】

1. 通过本实验,初步掌握红外光谱的定性方法。

2. 掌握如何从红外光谱中识别官能团,如何由官能团确定未知化合物的主要结构。

3. 进一步熟悉常用红外测绘的制样方法。

【实验原理】

红外光谱的定性分析大致可分为结构鉴定和化合物的定性两大方面。结构鉴定是通过测定化合物的红外光谱特征谱带,结合其他实验资料来推断化合物的结构。化合物定性就是将样品化合物的光谱与已知结构化合物的光谱进行比较,来鉴定可能结构的化合物。红外光谱定性通常有两种方法。

1. 已知标准物对照法

在完全相同的条件下,分别检测样品和已知结构的标准品,将两者的红外光谱图进行对照,若两张谱图各吸收峰的位置和形状相同,相对强度相近,则可肯定样品的结构与标准物相同;若两张谱图不一样,则说明两者结构不同,或样品中含有杂质。

2. 标准谱图对照法

在与测绘标准谱图尽可能一致的光谱条件下测绘样品,将样品的红外光谱与目标化合物标准谱图进行比较,来鉴定可能结构的化合物。

使用该方法时,要注意以下几个方面:

(1)样品谱图的测绘条件要与标准谱图的测绘条件基本一致。

(2)注意检测样品的仪器性能与测绘标准谱图的仪器性能的差别,这种差别能够导致某些峰的细微结构的不同。

(3)在制样时,尽量避免引入杂质。

【仪器与试剂】

1. 仪器

傅里叶变换红外光谱仪;压片机(包括压模);窗片池;玛瑙研钵;红外灯;镊子。

2. 试剂

苯甲酸;苯乙酮;对硝基苯甲酸;苯甲醛;脱脂棉。试剂均为分析纯。

【实验步骤】

1. 打开仪器

打开主机、工作站和打印机的开关,预热10 min。打开红外操作软件。具体操作参见仪器使用方法。

2. 液体试样的制样及检测

(1)用吸附溶剂(三氯甲烷)的脱脂棉将液体窗片擦拭干净,自然晾干或放置于红外灯下烘干备用。

在一块擦洗干净的窗片上滴一小滴苯乙酮,然后压上另一片盐窗,将其夹在样品支架上。用空白盐窗做参比,将制好的样品放到红外光谱仪的样品池中,进行扫描测绘。

(2)用同样的方法,测绘液体样品的红外光谱图。

(3)扫描完毕后,用溶剂清洗窗片,干燥后放入干燥器内。

3. 固体样品的制样和检测

(1)用吸附溶剂的脱脂棉擦拭干净压膜,自然晾干或放置于红外灯下烘干备用。

取 100 mg 左右的苯甲酸纯品于玛瑙研钵,加入约为样品质量 100 倍左右的 KBr,在红外灯下混合研磨,研磨至颗粒直径小于 2 μm。将混合好的样品装于干净的压模槽内,加压至 14 MPa,维持 5 min。放气卸压后,取出模具脱模,得到样品片。将样品片放于样品支架上,用纯溴化钾晶片做参比,将制好的样品放到红外光谱仪的样品池中,进行扫描测绘。

(2)用同样的方法,依次测绘各固体样品的红外光谱图。

(3)实验完毕后,用溶剂清洗压模,干燥以备下次使用。

【数据处理】

(1)在标样和试样的红外吸收光谱上,标出各特征吸收峰的波数,并确定其归属。

(2)把试样的红外吸收谱图与从标准谱库中查出的标准谱图进行对照比较,标出每个特征吸收峰的波数,并确定其归属。

【讨论】

(1)简述红外光谱分析中常用的定性方法。

(2)用溴化钾压片法制样时,对试样的制片有何要求?

(3)将样品的红外吸收光谱与标准谱库上查得的红外吸收光谱进行比较。

实验10 室内空气中苯的测定

【实验目的】

1. 通过本实验学会用气相色谱法测定大气中苯系物的方法。

2. 了解色谱定量分析的原理。

3. 熟悉气相色谱仪的使用方法。

【实验原理】

苯、甲苯、二甲苯等是有机工业的重要原料和溶剂,在医药、合成染料、有机农药、硝基化合物、油漆、树脂等方面有广泛的用途,因此,大气中苯系物的污染比较常见,且因苯系物沸点较低,易燃易爆、毒性大、会危害人体的中枢神经和造血系统,应予以重点分析监测。

大气中的苯系物一般以蒸气的形式分散在空气中,空气中的苯系物或有机蒸气经活性碳采集浓缩(苯等可在较高浓度下直接进样进行色谱分析),以二硫化碳解吸,在适当的色谱分离柱中进行分离,用氢火焰离子化监测器(FID)进行检测。得到谱图后,以色谱保留时间进行定性分析,色谱峰高或峰面积进行定量分析。

【仪器与试剂】

1. 仪器

(1)活性碳管:用长70 mm,内径4 mm,外径6 mm的玻璃管,其中装两部分20~40目椰子壳活性碳,中间用2 mm氨基甲酸乙酯泡沫塑料隔开,玻璃管两端用火熔封;活性碳在装管前于600 ℃通氮气处理1 h;管中前部装100 mg,后部装50 mg活性碳;后部活性碳外边用3 mm氨基甲酸乙酯泡沫塑料固定;而前部活性碳的外边则用硅烷化的玻璃棉固定。活性碳管的阻力当流量为1 L/min,需在3.3 kPa以下。

(2)采样泵;流量计(0~0.5 L/min);具塞刻度试管(1 mL);气相色谱仪附FID检测器。

2. 试剂

色谱纯的苯、甲苯等有机物标准样品;二硫化碳。

【实验步骤】

1. 试样的采集

临采样前打开活性碳管两端,将管连接在采样泵上,注意活性碳少的一端接采样泵,并垂直放置,以0.2 L/min的速度抽取1~10 L空气。采样后将管的两端套上塑料帽,尽快分析;否则应冷藏保存。在采样的同时做一空白管,此管除不抽气外,按样品管同样操作。

2. 色谱条件

色谱柱：2.5% 邻苯二甲酸二壬酯+2.5% 有机藻土-34 涂于 Chromosorb W AW DMCS，60~80 目；

柱温：80~90 ℃；

汽化室和检测器温度：250 ℃；

载气（氮气）50 mL/min；空气 500 mL/min；氢气 50 mL/min。

3. 标准曲线的绘制

于 10 mL 容量瓶中先加入少量二硫化碳，然后用微量注射器加入 10~100 mg 标样，用二硫化碳稀释至刻度。计算 0.5 mL 标准溶液中苯、甲苯等物质的含量，此液为储备液。用前再用二硫化碳将储备液分别稀释为不同含量的标准溶液，所配的标准溶液中应包括被测物的最高容许浓度时规定所采空气体积中的含量。

用微量注射器取 5 μL 标准溶液，每个标准溶液注射 3 次，以浓度 mg/0.5 mL 对峰面积或峰高作图，绘制标准曲线。

4. 样品分析

将已采样后的活性碳管的玻璃棉取出弃去，把第一部分活性碳移入具塞试管中。把隔开活性碳用的泡沫塑料取出弃去，第二部分的活性碳移入另一个具塞试管中。上述两具塞试管中分别加入 0.5 mL 二硫化碳，放置 30 min，随时摇动，分析时以二硫化碳定容至 0.5 mL。同时作空白管的解吸。

取 5 μL 样品和空白试液进行色谱分析，每个样品做三次平行实验。

5. 解吸效率的测定

由于在一定条件下，每种化合物在活性碳上的解吸效率受多种因素影响，如实验室的不同、活性碳的批号不同等，因此对有机物的吸附和解吸效率也是不同的。故在计算样品含量时应考虑被测物质在活性碳上的解吸效率。

测定解吸效率时，将 6 份 100 mg 活性碳分别于具塞试管中，此活性碳必须与采样所用的为同一批。将以上的 6 支试管分为 3 组，分别加入 0.5 mL 高、中、低含量的标准溶液。中等含量的应为相当于最高容许浓度的标准溶液，放置 30 min，随时摇动。按照标准溶液操作用同一支微量注射器进样求出峰面积（B）；同时取 100 mg 活性碳，加入 0.5 mL 二硫化碳作为解吸空白，其他操作相同，求出峰面积（C）。以上操作是根据标准溶液中剩余的被测物质的量大致等于活性碳上所解吸的被测物的量的原理进行的。

按下式分别计算高、中、低含量被测物时平均解吸效率

$$解吸效率=\frac{(B-C)}{A}$$

式中 A——被测物的峰面积；

B——按照标准溶液操作用同一支微量注射器进样的峰面积；

C——二硫化碳作为解吸空白的峰面积。

以平均解吸效率对含量做图绘制解吸效率曲线备用。

注意：平均解吸效率应在实际测定前测出。

【数据处理】

$$X = \frac{C}{DV_0} \times 1\ 000$$

式中 X——空气中苯系物蒸气的浓度，mg/m^3；

C——由标准曲线上查出的被测物的浓度，mg/0.5 mL；

D——解吸效率；

V_0——换算成标准状况下的采样体积，L。

【注意事项】

(1)本法同样适用于空气中丙酮、苯乙烯、乙酸乙酯、乙酸丁酯、乙酸戊酯的测定。

(2)分析时可根据色谱仪的条件进行设置，色谱柱采用毛细管柱时，需要注意进样量等。

【讨论】

(1)试述气相色谱法的分离原理。

(2)试述 FID 检测器的检测原理。

(3)为什么以吸附-解吸法测定空气中的有机物蒸气时，需要事先测定被测物的吸附率或解吸率？

(4)以气相色谱法测定空气中的苯系物，除了可采用本方法所述的分析方式外，还可以采用什么方式测定？

实验11　气相色谱法测定酒和酊剂中 C_2H_5OH 含量

【实验目的】

1. 学习气相色谱法测定含水样品中 C_2H_5OH 的含量。

2. 学习和熟悉氢火焰离子化检测器的调试及使用方法。

3. 学习和掌握色谱内标定量方法。

【实验原理】

内标法是一种准确而应用广泛的定量分析方法，操作条件和进样量不必严格控制，限制条件较少。当样品中组分不能全部流出色谱柱，某些组分在检测器上无信号或只需测定样品中的个别组分时，可用内标法。

内标法就是将准确称量的纯物质作为内标物，加到准确称取的样品中，根据内标物的质量 m_s 与样品的质量 m 及相应的峰面积 A，求出待测组分的浓度。

待测组分质量 m_i 与内标物质 m_s 之比等于相应的峰面积之比。

$$\frac{m_i}{m_s}=\frac{A_i f_i}{A_s f_s}$$

$$m_i=\frac{A_i f_i}{A_s f_s}m_s$$

$$w_i=\frac{m_i}{m}=\frac{A_i f_i m_s}{A_s f_s m}$$

$$(\text{或}\ \rho_i=\frac{m_i}{V}=\frac{A_i f_i m_s}{A_s f_s V})$$

式中　f_i，f_s——组分 i 和内标物的相对质量校正因子；

A_i，A_s——组分 i 和内标物的峰面积；

V——待测样品的体积。

为方便起见，求定量校正因子时常以内标物作为标准物，则 $f_s=1.0$。选用内标物时，需满足下列条件：①内标物应是样品中不存在的物质；②内标物应与待测组分的色谱峰分开，并尽量靠近；③内标物的量应接近待测物的含量；④内标物与样品互溶。

本实验样品中 C_2H_5OH 的含量可用内标法定量，以无水正丙醇 n-C_3H_7OH 为内标物，并符合以上条件。

【仪器与试剂】

1. 仪器

气相色谱仪；氢火焰离子化检测器（FID）；色谱柱（2 m×3 mm）；微量注射器；容量瓶（50 mL）；吸量管（2 mL、5 mL）。

2. 试剂

固定液：聚乙二醇20000（简称 PEG-20M）；载体：102 白色载体（60～80 目，液载比10%，上海试剂厂）；无水乙醇（分析纯）；无水正丙醇（分析纯）；食用酒；酊剂检品。

【实验步骤】

1. 色谱操作条件

柱温 90 ℃,气化室温度 150 ℃,检测器温度 130 ℃,N_2(载气)流速 40 mL/min,H_2 流速 35 mL/min,空气流速 400 mL/min,记录仪纸速 600 mm/h。

2. 标准溶液的测定

准确称取 2.50 mL 无水 C_2H_5OH 和 2.50 mL 无水 n-C_3H_7OH 于 50 mL 容量瓶中,用蒸馏水稀释至刻度,摇匀。用微量注射器吸取 0.5 μL 标准溶液,注入色谱仪内,记录各峰的保留时间 t_R,测量各峰的峰高及半峰宽,求以 n-C_3H_7OH 为标准的相对校正因子。

3. 样品溶液的测定

准确称取 5.00 mL 酒样及 2.50 mL 内标物无水 n-C_3H_7OH 于 50 mL 容量瓶中,加水稀释至刻度,摇匀。用微量注射器吸取 0.5 μL 样品溶液注入色谱仪内,记录各峰的保留时间 t_R,以标准溶液与样品溶液的 t_R 对照,定性样品中的醇,测定 C_2H_5OH、n-C_3H_7OH 的峰高及半峰宽,求样品中 C_2H_5OH 的浓度。

【数据处理】

本实验 C_2H_5OH 的含量按下列公式计算

$$f_i=\frac{m'_i/A'_i}{m'_s/A'_s}$$

$$\rho_i=\frac{m_i}{V}\times 10=\frac{A_i f_i m_s}{A_s f_s V}\times 10$$

将上式代入下式,即得(其中 $m_s=m'_s$)

$$\rho_i=\frac{A_i/A_s\cdot m'_s}{A'_i/A'_s\cdot V}\times 10$$

式中 ρ_i——C_2H_5OH 样品的质量浓度,g/mL;

m_i——样品中 C_2H_5OH 的质量,g;

V——样品溶液的体积, mL;

10 ——稀释倍数;

A_i/A_s——样品溶液中 C_2H_5OH 与 n-C_3H_7OH 的峰面积比;

A'_i/A'_s——标准溶液中 C_2H_5OH 与 n-C_3H_7OH 的峰面积比;

m'_s——标准溶液中纯 C_2H_5OH 的质量,它等于体积 V 与密度 ρ 的乘积。

对于正常峰,可用峰高代替峰面积计算

$$\rho_i=\frac{h_i/h_s\cdot m'_s}{h'_i/h'_s\cdot V}\times 10$$

【讨论】

(1)内标物的选择应符合哪些条件?用内标法定量的优缺点?

(2)热导检测器和氢火焰离子化检测器各有什么特点?

实验 12　原子吸收光谱法测定土壤中的铜含量

【实验目的】

1. 了解原子吸收仪的基本结构和工作原理。

2. 掌握火焰原子吸收光谱分析的基本操作。

3. 学习固体样品的消化过程和土壤中重金属铜的定量测定方法。

【实验原理】

原子吸收光谱分析法主要用于定量分析，其基本依据是：将一束特定波长的光照射到被测元素的基态原子蒸气中，原子蒸气对这一波长的光产生吸收，未被吸收的光则透射过去。在一定的浓度范围内，入射光强（I_0）、透射光强（I_t）、和被测元素的浓度（c）之间符合 Lambert-Beer 定律

$$A = \lg\left(\frac{I_0}{I_t}\right) = abc$$

式中　A——原子吸收分光光度计所测吸光度；

a——被测组分对某一波长光的吸收系数；

b——光通过的火焰的长度。

根据这一定量关系可以测定未知溶液中某一元素的含量。

样品溶液经雾化器（常用同心型启动雾化器，以空气为载气）以气溶胶形式喷入雾化室与燃气及助燃气均匀混合，然后吹进燃烧器。在雾化室中因气体扩散膨胀而使压力降低，部分雾滴可能挥发，聚结或者附着器壁后凝成大的液滴作为废液而排出，被吹进燃烧器的只是那些较细的雾滴。样品中的分析物在火焰的作用下蒸发并转变为气态原子，决定原子化效率的主要因素是被测元素的性质和火焰的性质。

待测元素的原子化过程受共存元素的影响较小，这是火焰原子吸收法干扰较少的重要原因之一。但第二主族元素往往受共存的其他离子的影响，表现为正的或者负的干扰。例如，铝、铍、铁、钛、铬、钼、钨、钒、锆、磷酸根、偏硅酸等对镁有干扰作用，其中铝、铁、磷酸根、硫酸根、偏硅酸是最常见的离子，因此测定第二主族元素时应设法消除干扰。消除干扰的试剂包括镧、锶、钡、钙、镍、高氯酸、甘油、EDTA、8-羟基喹啉等，其中最常用的是镧，镧不仅能够消除多种离子对镁的干扰，而且还具有提高测定灵敏度的作用。

土壤中重金属铜的检测，首先要对土壤样品进行消化处理。将样品用 HNO_3-HF-$HClO_4$ 或 HCl-HNO_3-HF-$HClO_4$ 混酸体系消化后，将消解液直接喷入空气-乙炔火焰。在火焰中形成的 Cu 基态原子蒸气对光源发射的特征电磁辐射产生吸收。测得试液吸光度并扣除全程序空白吸光度，从标准曲线查得 Cu 含量。计算土壤中 Cu 含量。

该方法适用于高背景土壤（必要时应消除基体元素干扰）和受污染土壤中 Cu 的测定。该方法检出范围为（0.05 ~ 2） mgCu/kg。

【仪器与试剂】

1. 仪器

原子吸收分光光度计;空气-乙炔火焰原子化器;铜空心阴极灯。

仪器工作条件:测定波长324.75 nm;通带宽度1.3 nm;灯电流7.5 mA;火焰类型空气-乙炔,氧化型,蓝色火焰。

2. 试剂

(1)盐酸(特级纯);硝酸(特级纯);氢氟酸(优级纯);高氯酸(优级纯)。

(2)铜标准贮备液:称取0.500 0 g金属铜粉(光谱纯),溶于25 mL(1+5) HNO_3(微热溶解)。冷却,移入500 mL容量瓶中,用去离子水稀释并定容。此溶液每毫升含1.0 mg铜。

(3)铜标准使用液:吸取10.0 mL铜标准贮备液于100 mL容量瓶中,用水稀释至标线,摇匀备用。吸取5.0 mL稀释后的标液于另一100 mL容量瓶中,用水稀释至标线即得每毫升含5 μg铜的标准使用液。

【实验步骤】

1. 土壤样品的消解

称取0.5~1.000 g土壤样品于25 mL聚四氟乙烯坩埚中,用少许水润湿,加入10 mL HCl,在电热板上加热(小于450 ℃)消解2 h,然后加入15 mL HNO_3,继续加热至溶解物剩余约5 mL时,再加入5 mL HF并加热分解除去硅化合物,最后加入5 mL $HClO_4$ 加热至消解物呈淡黄色时,打开盖,蒸至近干。取下冷却,加入(1+5) HNO_3 1 mL微热溶解残渣,移入50 mL容量瓶中,用0.2% HNO_3 定容。同时进行全程序试剂空白实验。

2. 标准曲线的绘制

分别吸取铜标准使用液(0、0.50、1.00、2.00、3.00、4.00) mL于6个50 mL容量瓶中,用0.2% HNO_3 溶液定容、摇匀。此标准系列分别含铜(0、0.05、0.10、0.20、0.30、0.40) μg/mL。测其吸光度,绘制标准曲线。

3. 样品的测定

在测定条件下分别测空白和试样的吸光度,扣除空白后,在标准曲线上查出对应的浓度,即得。

【讨论】

(1)为什么要扣除空白的吸光度?

(2)样品为什么事先要进行消化?

实验13　原子吸收光谱法测定人发中的锌含量

【实验目的】

1. 学习并掌握原子吸收分光光度计的使用方法。

2. 了解火焰原子吸收法测定锌的最佳条件。

【实验原理】

头发是排泄金属废物的主要途径之一，而不少报道认为疾病与体内微量元素不平衡有关，因而头发中的微量元素含量便起到了反映人体微量元素含量水平的“窗口”作用。测定头发中微量元素的水平，可以为研究病情的产生、发展与预防提供参考。

微量元素含量在头发的各部分不同，采样时要取用同一部位，以便比较，一般采取颈后距头皮1～2 cm的发样，采样前最好用中性发膏洗头，将上面的油脂洗掉，待头发近干时采样，发样可存放在塑料袋中。由于头发是固体样品，无法直接在火焰原子吸收分光光度计上测定，故应进行湿法消化。

【仪器与试剂】

1. 仪器

原子吸收分光光度计；锌空心阴极灯。

2. 试剂

（1）硝酸（GR）0.5%+Tritonx-100的0.1%溶液；高氯酸（GR）。

（2）锌标准储备液：准确称取1.000 g高纯锌溶于20 mL 1∶1硝酸中，移入1 000 mL容量瓶中，用去离子水稀释至刻度，浓度为1 mg/mL。

3. 测定条件参考值

光　源	锌空心阳极灯	光　源	锌空心阳极灯
吸收线波长	213.9 nm	燃烧架高度	7 mm
灯电流	4 mA	火焰	乙炔-空气火焰
狭缝宽度	0.2 mm	空气压力	1.5 kg/cm^2
空气流量	6.5 L/min	乙炔压力	0.5 kg/cm^2
乙炔流量	1.2 L/min		

【实验步骤】

1. 样品处理

采集的发样先用自来水冲洗，再用洗发香波溶液浸泡0.5 h，并不断搅动，然后用蒸馏水、去离子水依次冲洗干净，抽滤近干后，放烘箱中烘干。准确称取发样20 mg左右，置于石英电解池中,使用微量移液管加入高氯酸 0.1 mL,放置电炉上 1 ~ 2 h(控制温度 160 ℃),然后升温至 240 ℃再放置 2 h,消化 5 h,至有白色盐析出,用 5 mL 去离子水将其溶解后,待测。

2. 标准系列的配制

用微量移液管移取锌标准储备液 1.00 mL 到 100 mL 容量瓶中,用去离子水稀释至刻度,得浓度为 10 μg/mL 的工作液。用刻度吸量管分别移取 0.00 mL、0.50 mL、1.00 mL、2.00 mL、3.00 mL、4.00 mL 工作液于 6 只 50 mL 容量瓶中,加水稀释至刻度,摇匀。

3. 吸光度的测定

依次将标准系列溶液和待测溶液喷雾燃烧,记录并打印吸光度。

【数据处理】

将标准系列溶液的浓度和测得的吸光度作图制得工作曲线。再根据待测溶液的吸光度从工作曲线上查出锌的浓度,并换算成人发中锌的浓度(单位: μg/g)。

【讨论】

(1)原子吸收法的灵敏度如何表示?

(2)简述影响测定人发中锌准确性的因素?

第 2 篇　合成化学实验

实验 14　乙二胺四乙酸(EDTA)的合成

【实验目的】

1. 了解 EDTA 的性质和制备方法。
2. 了解粗品的精制方法。

【实验原理】

乙二胺四乙酸是含有羧基和氨基的螯合剂,能与许多金属离子形成稳定的螯合物。在化学分析中,它除了用于配位滴定以外,在各种分离、测定方法中,还广泛地用作掩蔽剂。

乙二胺四乙酸简称 EDTA 或 EDTA 酸,常用 H_4Y 表示。白色晶体,无毒,不吸潮,在水中难溶。在 22 ℃时,每 100 mL 水中能溶解 0.02 g,难溶于醚和一般有机溶剂,易溶于氨水和 NaOH 溶液中,生成相应的盐溶液。由于 EDTA 酸在水中的溶解度小,通常将其制成二钠盐,一般也称 EDTA 或 EDTA 二钠盐,常以 $Na_2H_2Y \cdot 2H_2O$ 形式表示。

EDTA 在水溶液中的结构式为

$$\begin{matrix} HOOCH_2 & & CH_2COOH \\ & \diagdown \quad \diagup & \\ & NCH_2CH_2N & \\ & \diagup \quad \diagdown & \\ HOOCH_2 & & CH_2COOH \end{matrix}$$

分子中互为对角线的两个羧基上的 H^+ 会转移到氮原子上,形成双偶极离子结构。

其制备方法原理如下

$$ClCH_2COOH + NaOH \longrightarrow ClCH_2COONa + H_2O$$

$$4ClCH_2COONa + H_2NCH_2CH_2NH_2 \xrightarrow{NaOH}$$

$$(NaOOCCH_2)_2NCH_2CH_2N(CH_2COONa)_2 \xrightarrow[pH=1.2]{HCl}$$

$$(HOOCCH_2)_2NCH_2CH_2N(CH_2COOH)_2$$

【仪器与试剂】

1. 仪器

烧杯(250 mL);搅拌器;温度计;四口烧瓶;滴液漏斗;布氏漏斗;抽滤装置。

2. 试剂

氯乙烷(分析纯);氢氧化钠(化学纯);乙二胺(分析纯);氨水(分析纯);活性炭(分析纯);盐酸(化学纯)。

【实验步骤】

1. 氯乙酸钠的合成

称取氯乙酸 35 g,放入 250 mL 烧杯中,加水 20 mL,在不断搅拌下慢慢加入 40% NaOH 中和,此时的反应温度不得超过 50 ℃(注意氯乙烷的强腐蚀性)。

2. EDTA 四钠盐的合成

将 5 mL 乙二胺(4.5 g)在不断搅拌下加到上述氯乙酸钠溶液中,再用 40% NaOH 逐步调至 pH=11~13,控制温度 50~60 ℃,搅拌 5 min,盖上表面皿,放在沸水浴上加热,开始时,pH 值不断下降,要随时用 40% 的 NaOH 调至 pH=11~13,并要经常搅拌,直至反应时的 pH 值不再变化,保持 10 min(共计 1.5 h),得到 EDTA 四钠盐水溶液。

3. EDTA 粗品的制备

将上述反应液冷至 50~60 ℃,开始用浓盐酸调至 pH=2~3,再用 1:1 的盐酸仔细地调至 pH=1.2(用精密 pH 试纸),此时应有白色的细晶体析出,在温热处放置 30 min,然后用布氏漏斗以双层漏斗抽滤,水洗 2~3 次,即得 EDTA 粗品。

4. EDTA 的精制

将上述粗品由布氏漏斗连同滤纸转入500 mL 烧杯中,加入 50 mL 水,用浓氨水溶解,并调至 pH 值为 10 左右,加水调至 150 mL 左右,加 2 g 分析纯的活性炭,不断搅拌下加热至沸腾,冷却至(60~80) ℃用铺有两层定量滤纸的布氏漏斗抽滤,水洗 2~3 次。将滤液重复粗品制备的步骤,即用盐酸中和并调至 pH=1.2,经沉淀放置,抽滤,干燥,获得精制的EDTA。

【讨论】

(1)制氯乙酸钠时,反应温度为何不能超过 50 ℃?

(2)制 EDTA 四钠盐时,需调 pH 值为 11~13,为什么? pH 值过高或过低又会怎样?

(3)精制 EDTA,用浓氨水有什么好处?

实验 15　硫酸锌溶液的提纯

【实验目的】

1. 了解硫酸锌溶液的不同提纯方法。

2. 了解无机化学在化工生产中的应用。

3. 熟练进行萃取操作。

【实验原理】

要除硫酸锌溶液中的杂质离子 Fe^{2+}、Pb^{2+}、Cu^{2+}、Ni^{2+}、Co^{2+}、Mn^{2+} 等，有不同的方法。本实验是将工业硫酸锌溶于水后经过沉淀法和色谱法进行提纯的。

先将工业硫酸锌溶于自来水中，配成一定浓度的溶液(20%左右)。

1. 沉淀法提纯

除铅：把溶液 pH 值用 H_2SO_4 调至 1～2，加入 $BaCl_2$ 溶液，此时由于生成 $BaSO_4$ 沉淀，使 $PbSO_4$ 沉淀发生共沉淀而除去，这样可将 Pb 的含量降至 5×10^{-8} g/g $ZnSO_4$。

除铁：在 pH=1～2，用 H_2O_2 可将 Fe^{2+} 氧化为 Fe^{3+}，加热除去多余的 H_2O_2，以 1∶1 氨水调 pH 值至 5～6，此时 Fe 以 $Fe(OH)_3$($K_{sp}=1.1\times10^{-36}$)形式沉淀下来，静置(最好过夜)，过滤，弃去沉淀物。

除铜：在上面的滤液中慢慢加入 1% 的 $(NH_4)_2S$，使 Cu 以 CuS($K_{sp}=6.3\times10^{-36}$)的形式沉淀下来。

2. 色谱法提纯

上边的处理同样会使一部分 Co^{2+}、Ni^{2+} 除去，但是很不彻底，因此必须再进行色谱法提纯。

取两根色谱柱，一根装镍试剂(配位剂)、活性炭(载体)和氢氧化锌(缓冲剂)的混合物；另一根装铋酸钠(氧化剂)、活性炭(载体)和氢氧化锌(缓冲剂)的混合物。

当上面经过沉淀法提纯的硫酸锌溶液通过镍试剂柱时，溶液中的 Cu^{2+}、Ni^{2+}、Co^{2+}、Fe^{2+} 等杂质离子，依其与镍试剂反应所形成的配合物稳定常数的大小，与镍试剂按下列方程发生配位反应

$$Me^{2+}+2H_2D_m = Me(HD_m)_2+2H^+$$

式中　Me^{2+}——二价金属离子；

　　H_2D_m——镍试剂 $CH_3-CNOH-CNOH-CH_3$。

上述反应中生成的 H^+ 被 $Zn(OH)_2$ 中和，所形成的配合物 $Me(HD_m)_2$ 被活性炭所吸附，其中 $Fe(HD_m)_2$ 的稳定性最差，因此镍试剂柱的除铁效果较差。

当镍试剂柱流出的 $ZnSO_4$ 溶液通过铋酸钠时，溶液中 Fe^{2+}、Pb^{2+}、Mn^{2+} 依氧化还原电对的电极电势大小的顺序，按下列方程与铋酸钠发生氧化还原反应

$$2Fe^{2+}+NaBiO_3+3H_2O = 2Fe(OH)_3+Bi^{3+}+Na^+ \qquad (2.1)$$

$$Pb^{2+}+NaBiO_3+2H^+ = PbO_2\downarrow+Bi^{3+}+Na^++H_2O \qquad (2.2)$$

$$Mn^{2+} + NaBiO_3 + 2H^+ = MnO_2\downarrow + Bi^{3+} + Na^+ + H_2O \quad (2.3)$$

式(2.1)、(2.2)、(2.3)中的产物 Bi^{3+} 按下列方程进行水解

$$2Bi^{3+} + 2H_2O + SO_4^{2-} = (BiO)_2SO_4\downarrow + 4H^+ \quad (2.4)$$

水解产物与式(2.1)、(2.2)、(2.3)中的产物 $Fe(OH)_3$、PbO_2、MnO_2 均被截留在柱子上,而纯净的 $ZnSO_4$ 溶液则流出柱外。这样就达到将工业 $ZnSO_4$ 溶液提纯为荧光纯硫酸锌的目的,其中 Fe^{2+}、Mn^{2+} 的含量均可达到 1×10^{-7} g/g · $ZnSO_4$,Cu^{2+}、Ni^{2+}、Co^{2+} 均达到 5×10^{-8} g/g · $ZnSO_4$。

【仪器与试剂】

1. 仪器

圆底烧瓶(250 mL);色谱柱;烧杯;分液漏斗(250 mL,500 mL);容量瓶(250 mL);螺丝夹;试管;比色管;721 分光光度计。

2. 试剂

硫酸锌;盐酸(化学纯及优级纯);活性炭;镍试剂;氢氧化钠;铋酸钠;硫酸;双氧水;氧化钡;氨水;硫化铵;高锰酸钾;KCNS;异戊醇;硝酸银;$(NH_4)_2S_2O_8$;柠檬酸铵;铜试剂;氯仿;硝酸铜;氯化铜;硝酸铅。

【实验步骤】

1. 硫酸锌溶液的配制

用自来水配制 20% 的工业硫酸锌溶液 100 mL,过滤于 250 mL 圆底烧瓶中。

2. 装柱

在圆底烧瓶中放 50 g 活性炭,加入(100 ~ 150) mL 3mol/LHCl,煮沸 1 h,过滤,弃去 HCl,然后以纯水洗至流出液中铁的含量合格为止。

取一支色谱柱,下端放一层玻璃棉,从上面倒入少许水调匀的镍试剂(1.5 g)、活性炭(15 g)、$Zn(OH)_2$(1.5 g)的混合物,层层捣实,上面加一层塑料泡沫,在适当加一截玻璃管,用橡皮塞塞住,如图 2.1 所示。

如上法装置另一色谱柱,仅把镍试剂换成铋酸钠(1.5 g)之后,用水将它们充满,排除气泡,然后将导管用橡皮管套上,用螺丝夹夹住,待用。

3. $ZnSO_4$ 溶液的精制

在已滤好的工业 $ZnSO_4$ 溶液中,加 H_2SO_4 调 pH 值至 1 ~ 2,边加边搅拌,加(2 ~ 3) mL H_2O_2,剧烈搅拌。H_2O_2 加完后,立即加入 3 mL 5% $BaCl_2$ 溶液,剧烈搅拌 15 min,加热至 80 ~ 90 ℃,然后慢慢加入 1 : 1 氨水,边加边搅拌,使 pH 溶液值升至 5 ~ 6,继续搅拌15 min,然后加入 10% 的 $(NH_4)_2S$ 溶液 5 mL,再搅拌,静置过夜,过滤,收集滤液于 2 000 mL烧杯中,加水稀释至 10%,调 pH 值至 5 ~ 6。

4. 色谱提纯装置的搭建

将两个色谱柱按图 2.2 连接,用分液漏斗将上述滤液与色谱柱连接,使 $ZnSO_4$ 溶液通

过柱子，用螺丝夹调节溶液流速为 3 ~4 mL/ min，滤液开头的 100 mL 仍返回分液漏斗中，然后将 100 mL 以后的滤液收集于干净的器皿。

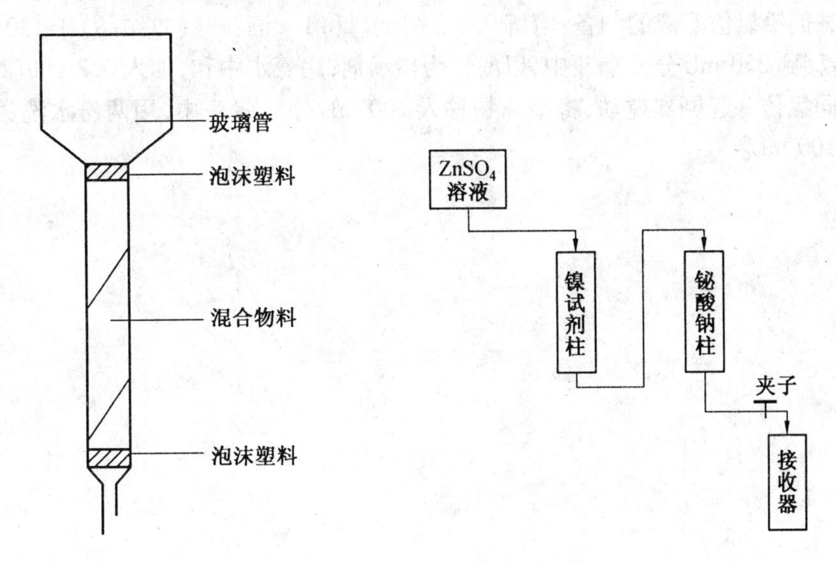

图 2.1　色谱柱装置　　图 2.2　色谱提纯装置示意图

5. $ZnSO_4$ 溶液中杂质离子的含量分析

(1)铁的分析

选取两支 25 mL 比色管，一支取 $ZnSO_4$ 溶液 10 mL，一支取高纯水 10 mL，分别加 7 mol/L 高纯 HCl 1 mL，加入 0.1 mol/L $KMnO_4$ 一滴，氧化 10 min 后，加 30% KSCN 2 mL，异戊醇 1 mL，振荡，静置，观察醇层颜色均不得发红。

(2)锰的分析

取两支试管，一支盛 5 mL $ZnSO_4$ 溶液，一支盛 5 mL 高纯水，分别加 1 ~2 滴 0.1 mol/L $AgNO_3$、1 mol/L H_2SO_4 0.5 mL 及少许固体$(NH_4)_2S_2O_8$，加热。观察溶液颜色，均不得发红。

(3)铜含量的分析

取 $ZnSO_4$ 溶液 25 mL 于 250 mL 分液漏斗中，加入 20% 的柠檬酸铵溶液 70 mL，用氨水中和至 pH=7.5 ~8.0，用水冲稀至 90 ~100 mL，用铜试剂铅的氯仿溶液洗涤，分三次萃取(3 mL、3 mL、1.5 mL)，最后用 5 mL 氯仿溶液吸水层，四次萃取液移入 25 mL 容量瓶中摇匀。用分光光度计测定 400 nm 处的吸光值，同时作空白试验，由标准曲线求出铜含量。

在六只 250 mL 分液漏斗中，均加入 25 mL 用 HCl 稍加酸化的高纯水，再分别加入 0 μg、1 μg、3 μg、5 μg、6 μg、10 μg 的铜离子，其他步骤同以上的样品处理，以吸光度值为纵坐标，Cu^{2+} 含量为横坐标，绘制标准曲线。

【讨论】

(1)本实验为什么要将沉淀法和色谱法结合起来提纯工业 $ZnSO_4$ 溶液?

(2)根据标准电极电势说明在铋酸钠色谱柱中，$Fe(OH)_3$、MnO_2、PbO_2 沉积的次序。

【注意事项】

铜试剂铅氯仿溶液的制备：溶解 0.2 g 铜试剂和 1 g 酒石酸（重结晶）于 130 ~ 150 mL 水中，转移到 250 mL 分液漏斗中，以酚红为指示剂，用氨水中和，加入 0.2 g$Pb(NO_3)_2$（重结晶），同氯仿一起剧烈搅动，将萃取物移入 500 mL 分液漏斗中，用两份水洗涤，用氯仿稀释至 100 mL。

实验 16 酶法制饴糖及温度、pH 值对酶活性的影响

【实验目的】

1. 了解酶法制饴糖的基本原理,掌握淀粉酶催化水解淀粉的基本操作。

2. 了解影响酶活性的一些主要因素。

3. 学习测定酶的最适 pH 值的方法。

【实验原理】

饴糖又称糖稀和麦芽糖饴,是一种淀粉糖,其主要成分为麦芽糖(一般含 50% 左右)、糊精(含 30% 左右)。其味甜软爽口,具有吸湿性和黏性,添加在各种食品中可防干燥和防止食品中的砂糖的“发砂”现象,并使食品甜味柔和,因此饴糖成为糖果、糕点、果酱、罐头等食品的必需原料。饴糖的营养价值很高,医学上有健胃、止咳、滋补之功效,常作为婴幼儿的营养食品。饴糖除了主要用于食品工业外,还用于酿造等工业。

目前我国每年饴糖产量 10 万多吨,大多数厂家都是以大米为原料,另外,也有一些厂以玉米为原料。用玉米制造饴糖,传统的方法是将玉米加工成淀粉,然后再经液化、糖化成饴糖。近年来,采用玉米直接生产饴糖,不需先加工成淀粉,其工艺流程如图 2.3 所示。

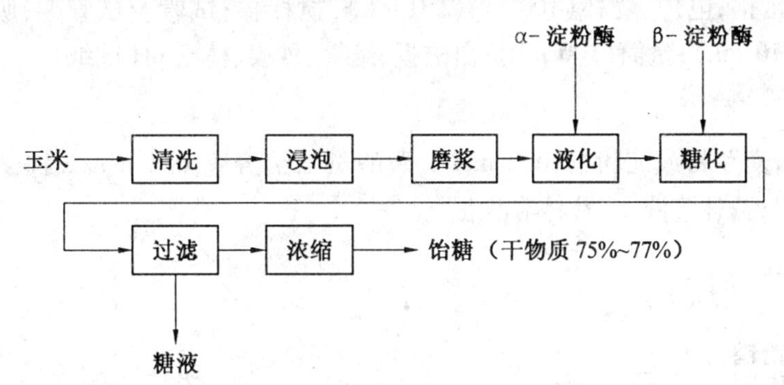

图 2.3 玉米制饴糖工艺流程图

所得产品必须符合我国轻工行业标准 QB/T 2347—1997 的技术要求。

本实验采用淀粉为主要原料,酶采用传统的大麦芽所产生的淀粉酶。

酶是由细胞原生质合成的一种具有高度催化活性的特殊蛋白质,又称为生物催化剂。淀粉酶是能作用于淀粉的各种酶的总称,主要包括 α-淀粉酶、β-淀粉酶、葡萄糖淀粉酶以及脱支酶等。不同的淀粉酶对淀粉的催化水解或转化具有高度的专一性。

酶的催化作用受温度的影响很大。低温时,酶的催化反应速度一般很低。温度升高,催化反应速度也随之升高。但酶是一种蛋白质,温度过高可引起蛋白质变性,导致酶的失活。因此,当催化反应速度达到最大值后,随着温度的升高,酶促反应速度反而逐渐下降以致完全丧失其活性。一般而言,动物酶的最适温度为 37 ~ 40 ℃,植物酶的最适温度为 50 ~ 60 ℃。每一种酶都有其自身的最适温度,在此温度下,酶表现出最高活力。但是,一种酶的最适温度不是完全固定的,它与作用的时间长短有关。反应时间增长时,最适温度

向低温方向移动。

α-淀粉酶可将淀粉逐步水解成各种不同大小分子的糊精及麦芽糖,它们遇碘各呈不同的紫色、暗褐色及红色。直链淀粉(即可溶性淀粉)遇碘呈蓝色。糊精按相对分子质量从大到小的顺序,依次可呈蓝色、紫色、暗褐色及红色,最小的糊精和麦芽糖不呈颜色。由于在不同温度下淀粉酶的活性高低不同,则淀粉被水解的程度不同。所以,可由淀粉反应混合物遇碘所呈现的颜色来判断温度对淀粉酶活性的影响。

酶的催化活性受环境 pH 值的影响极为显著,通常只在一定的 pH 值范围内,酶才表现出它的活性。当酶表现出最高活性时的那个 pH 值则称之为该酶的最适 pH 值。低于或高于最适 pH 值时,酶的活性将逐步降低。应当说明的是,酶的最适 pH 值受底物性质和缓冲液性质的影响。例如唾液淀粉酶的最适 pH 值为 6.8。

不同酶的最适 pH 值不同,但与该酶在机体存在的部位的 pH 值似有相关。如高等动物蛋白酶的最适 pH 值为 1.5 ~ 2.5,与胃液的 pH 值相似;而胰蛋白酶的最适 pH 值为 8 左右,与胰腺所在的十二指肠附近肠道的 pH 值相似。

本实验通过唾液淀粉酶[1]来说明温度、pH 值对酶活性的影响。

【仪器与试剂】

1. 仪器

恒温水浴锅;电炉、烧杯(100 mL、250 mL);搅拌棒;试管及试管架;吸量管(1 mL、2 mL、5 mL、10 mL);量筒(100 mL);白磁板、滴管、秒表、精密 pH 试纸。

2. 试剂

淀粉[1];麦芽粉或淀粉酶;0.2 mol/L 磷酸氢二钠溶液;0.1 mol/L 柠檬酸溶液;碘化钾/碘溶液[2];费林溶液Ⅰ;费林溶液Ⅱ[3]。

【实验步骤】

1. 制备饴糖

称取 20 g 淀粉于 250 mL 烧杯中,加入 80 mL 蒸馏水,将烧杯置沸水浴中加热搅拌 15 min,使淀粉糊化,观察样品外观的变化。停止加热,冷却至 60 ℃以下,加入 5 g 溶于 20 mL水中的麦芽粉[4]。搅匀,于 50 ~ 55 ℃的水浴中保温[5],保温过程中不时搅拌,使其不产生块状物质,每隔 5 min,取 2 ~ 3 滴糖化液于试管中,加入费林溶液Ⅰ和费林溶液Ⅱ各3 滴,水浴加热至沸 1 min,产生红色沉淀,说明生成了还原糖[6]。取 2 ~ 3 滴糖化液于白磁板上加入 1 滴碘化钾/碘溶液检验,应不显蓝色,若显蓝色继续保温,直至糖化液加碘液后不呈蓝色只呈现褐色,证明糖化液中已不存在淀粉。记录产生还原糖的时间、糖化完全的时间及现象。

将糖化液用纱布过滤[7],滤液转入蒸发皿中,浓缩至近干,冷却后即得麦芽糖饴。

2. 配制试剂

(1)5 g/L 淀粉溶液:称取 0.5 g 淀粉溶于 100 mL 烧杯中,用少量蒸馏水调匀,用沸水冲入烧杯中,再加热煮沸至透明为止,冷却,加水定容至 100 mL。

(2)稀释200倍的唾液:认真用蒸馏水漱口后再加入20 mL蒸馏水,用舌头搅动1~2 min,吐到烧杯中加水稀释至100 mL作为唾液淀粉酶的样品(因为入口中约有0.5 mL唾液);或者直接用BF-7658型2000 U/g的淀粉酶配制成0.2 U/mL的α-淀粉酶溶液备用。

3. 温度对酶活性的影响

取三支试管,编号后各加入自己配制的经煮沸糊化过的5 g/L的淀粉溶液2 mL,将第1、2号试管放入37 ℃恒温水浴中保温,第3号试管放入冰水中冷却。5 min后,向第1号试管加入煮沸3 min的稀释唾液1 mL,向第2、3号试管中各加入未煮过的稀释唾液各1 mL,摇匀,20 min后取出三支试管,各加入2滴碘化钾/碘溶液,混匀,比较各试管溶液的颜色。判断淀粉被水解的程度,并说明温度对唾液酶活性的影响。

4. 测定酶的最适pH值(或最适pH值范围)

取6支干燥试管,编号,分别按表2.1准确加入0.2 mol/L磷酸氢二钠溶液和0.1 mol/L柠檬酸溶液,制备pH值5.0~8.0的5种缓冲溶液。

表2.1 试液配制表

试管号码	0.2 mol/L磷酸氢二钠/mL	0.1 mol/L柠檬酸/mL	pH值
1	1.55	1.45	5.0
2	1.98	1.02	6.2
3(2支)	2.32	0.68	6.8
4	2.72	0.28	7.4
5	2.91	0.09	8.0

在每支试管中,分别添加5 g/L淀粉溶液2 mL和稀释200倍的唾液2 mL(增加的另一支和3号内容相同的试管,作为检查淀粉的水解程度之用),向各支试管加入稀释唾液的时间间隙各为1 min(两支3号管之间不必间隙1 min)。摇匀后,同时置于37 ℃恒温水浴中保温。

每隔1 min由两支3号管中的一支中取一滴混合液,置于白磁板上,加1小滴碘化钾/碘溶液,充分混匀,时间间隔由第1号管起,也均为1 min。

观察各试管呈现的颜色,判断在不同pH值下淀粉被水解的程度,可以看出pH值对唾液淀粉酶活性的影响,并确定其最适pH值。列表说明。

【注释】

[1]或用0.2 U/mL的商品淀粉酶。

[2]碘化钾/碘溶液:称取3.6 g碘化钾溶于20 mL蒸馏水中,加入1.3 g碘,溶解后加水稀释到100 mL。

[3]费林溶液Ⅰ:称取34.7 g硫酸铜($CuSO_4 \cdot 5H_2O$),溶于水,稀释至500 mL。

费林溶液Ⅱ:称取173.0 g酒石酸钠($C_4H_4KNaO_6 \cdot 4H_2O$)和50 g氢氧化钠,溶于水,稀释至500 mL。使用时将溶液Ⅰ与溶液Ⅱ按1+1体积比混合。

[4]麦芽粉中含有大量的β-淀粉酶和少量α-淀粉酶;或用5 g/L淀粉酶(即

10 U/mL的淀粉酶)。

[5]使用不同的酶,活性不同,水解时间就不同。

[6]本实验主要是麦芽糖。

[7]无杂质及块状物质可不过滤。

【讨论】

(1)为什么糖化前要先将淀粉糊化?

(2)为什么糖化的温度应保持在 50~55 ℃?

(3)如何知道糖化是否完全?

实验 17　脲醛树脂胶粘剂的合成与应用

【实验目的】

1. 了解脲醛树脂的性质和用途。
2. 掌握脲醛树脂合成的原理和方法，从而加深对缩聚反应的理解。
3. 学会脲醛树脂胶粘剂的使用。

【实验原理】

脲醛树脂是无色透明的热固性树脂，易固化，固化前能溶于水，耐光、耐油性能优良，是常用的氨基树脂。它是尿素和甲醛在一定条件下经缩合反应合成的，而不同条件下生产的脲醛树脂其性质和用途不同，如脲醛模塑树脂用来制造耐油、耐光的工业制品；低分子脲醛树脂溶液用来制造黏合剂，是黏合剂中用量最大的品种，广泛用于木材加工行业，也可用于浸渍纸张，经改性后还可以浸渍织物；另外，经过醚化的脲醛树脂可制脲醛泡沫塑料，用作隔音、隔热、耐燃板的建筑材料等。

本实验采用尿素与甲醛的摩尔比为 1∶(1.6～2)的配料，来合成低相对分子质量的脲醛树脂溶液，其合成原理如下。

第一步是加成反应，生成各种羟甲基脲的混合物

$$H_2NCONH_2 + H-\overset{\displaystyle H}{\overset{|}{C}}=O \longrightarrow \begin{array}{c} HOCH_2NH \\ | \\ C=O \\ | \\ H_2N \end{array} \quad \text{或} \quad \begin{array}{c} CH_2OH-NH \\ | \\ C=O \\ | \\ NHCH_2OH \end{array}$$

一羟甲基脲　　　　二羟甲基脲

第二步是缩合反应，可以在亚氨基与羟甲基间脱水缩合

$$\begin{array}{c} HOCH_2NH \\ | \\ C=O \\ | \\ NH_2 \end{array} + \begin{array}{c} HOCH_2NH \\ | \\ C=O \\ | \\ NHCH_2OH \end{array} \xrightarrow{-H_2O} \begin{array}{ccc} HOCH_2N & -CH_2- & NH \\ | & & | \\ C=O & & C=O \\ | & & | \\ NH_2 & & NHCH_2OH \end{array}$$

或在羟甲基与羟甲基间脱水缩合

$$\begin{array}{c} NH-CH_2OH \\ | \\ C=O \\ | \\ NH_2 \end{array} + \begin{array}{c} HOCH_2NH \\ | \\ C=O \\ | \\ NHCH_2OH \end{array} \xrightarrow{-H_2O} \begin{array}{ccc} NH & CH_2O & CH_2NH \\ | & & | \\ C=O & & C=O \\ | & & | \\ NH_2 & & NHCH_2OH \end{array}$$

$$\xrightarrow{-CH_2O} \begin{array}{cc} HN- & CH_2NH \\ | & | \\ C=O & C=O \\ | & | \\ NH_2 & NHCH_2OH \end{array}$$

此外，还有甲醛与亚氨基间的缩合均可生成低分子质量的线型和低交联度的脲醛树脂

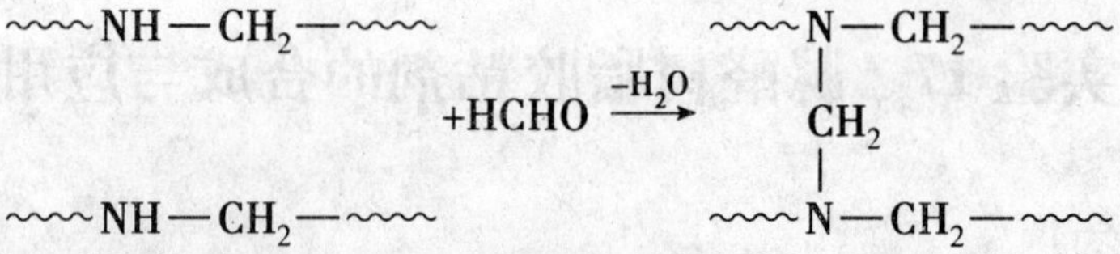

```
~~~~NH—CH2—~~~~                        ~~~~N—CH2—~~~~
                        -H2O               |
                 +HCHO ————→              CH2
                                           |
~~~~NH—CH2—~~~~                        ~~~~N—CH2—~~~~
```

这样继续下去得线型缩聚物。脲醛树脂的结构尚未完全确定,可认为其分子主链上有以下结构

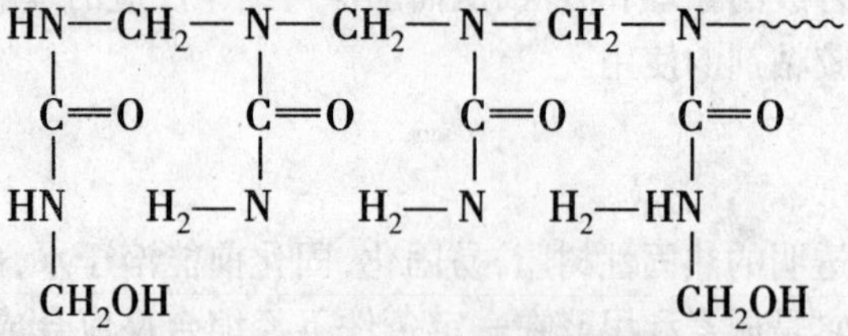

```
HN—CH2—N—CH2—N—CH2—N—~~~~
|       |      |      |
C=O     C=O    C=O    C=O
|       |      |      |
HN    H2—N   H2—N  H2—HN
|                     |
CH2OH                 CH2OH
```

上述中间产物中含有易溶于水的羟甲基,故可作胶黏剂使用,当进一步加热时,或者在固化剂作用下,羟甲基与氨基进一步缩合交联成复杂的网状体型结构。

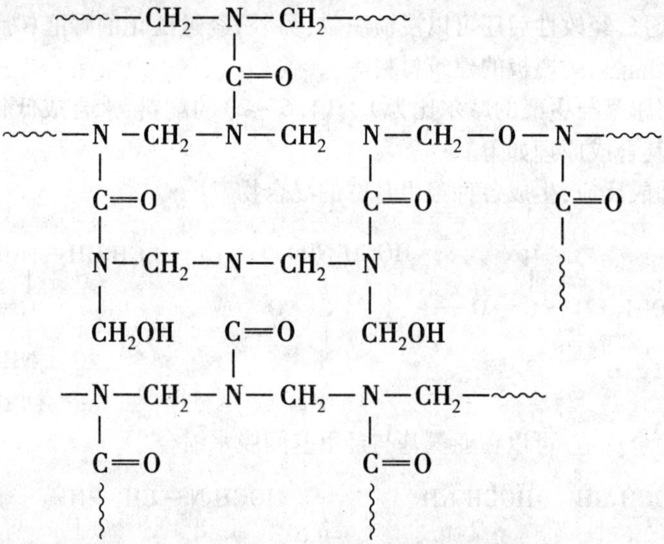

```
       ~~~~—CH2—N—CH2—~~~~
                |
                C=O
                |
~~~~—N—CH2—N—CH2    N—CH2—O—N—~~~~
     |              |        |
     C=O            C=O      C=O
     |              |        |
     N—CH2—N—CH2—N           ~
     |              |
     CH2OH   C=O    CH2OH
              |
    —N—CH2—N—CH2—N—CH2—~~~~
     |              |
     C=O            C=O
     ~              ~
```

【仪器与试剂】

1. 仪器

电动搅拌器;恒温水浴锅;回流冷凝管(球形或直形);三口烧瓶(250 mL);量筒(50 mL);精密 pH 试纸;温度计;小木板或三合板。

2. 试剂

甲醛(37%)32 g(30 mL,0.40 mol);尿素 12 g(0.20 mol);六次甲基四胺(约 0.9 g)或浓氨水 1.5 mL;氯化铵(约 0.1 g);10 g/L 氢氧化钠溶液。

【实验步骤】

在 250 mL 的三口烧瓶中,分别装上电动搅拌器,回流冷凝管和温度计[1],并把三口烧瓶置于水浴中。

检查装置后，于三口烧瓶内加入 30 mL 的甲醛溶液（约 37%），开动搅拌器，用六次甲基四胺（约 0.9 g）或浓氨水（约 1.5 mL）调至 pH=7.5~8[2]，慢慢加入全部尿素的 95%[3]（约 11.4 g），待尿素全部溶解后[4]（稍热至 20~25 ℃），缓缓升温至 60 ℃，保温 15 min，然后升温至 97~98 ℃，加入余下的 5% 尿素（约 0.6 g），保温反应约 1 h，在此期间，pH 值降到 6~5.5[5]。检查到终点[6]后，降温至 50 ℃以下，取出 5 mL 胶粘液留作粘结用后，其余的产物用氢氧化钠溶液调至 pH 值为 7~8，出料密封于玻璃瓶中，记录外观。产品的技术指标要求见表 2.2。

表 2.2 木材工业胶粘剂脲醛树脂技术要求 （GB/T 14732—2006）

<table>
<tr><th colspan="2">指标名称</th><th>单位</th><th>冷压用</th><th>胶合板和细木工板用</th><th>刨花板用</th><th>中、高密度纤维板用</th><th>浸渍用</th></tr>
<tr><td colspan="2">外观[a]</td><td>—</td><td colspan="4">无色、白色或浅黄色无杂质均匀液体</td><td>无杂质透明液体</td></tr>
<tr><td colspan="2">pH 值[a]</td><td>—</td><td colspan="5">7.0~9.5</td></tr>
<tr><td colspan="2">固体含量</td><td>%</td><td>≥55.0</td><td colspan="3">≥46.0</td><td>40.0~50.0</td></tr>
<tr><td colspan="2">游离甲醛含量</td><td>%</td><td>≤2.0</td><td colspan="3">≤0.3</td><td>≤0.8</td></tr>
<tr><td colspan="2">黏度</td><td>MPa·s</td><td>≥300</td><td colspan="2">≥60</td><td colspan="2">≥20</td></tr>
<tr><td colspan="2">固化时间[a]</td><td>s</td><td>≤50.0</td><td colspan="3">≤120.0</td><td>—</td></tr>
<tr><td colspan="2">适用期</td><td>min</td><td colspan="5">≥120</td></tr>
<tr><td colspan="2">胶合强度</td><td>MPa</td><td>≥1.9</td><td>符合 GB/T 9846.3—2004</td><td>—</td><td>—</td><td>—</td></tr>
<tr><td colspan="2">内结合强度[b]</td><td>MPa</td><td>—</td><td>—</td><td>符合 GB/T 4897.3—2003 中 3.3 的规定</td><td>符合 GB/T 11718—1999 中 5.4 的规定</td><td>—</td></tr>
<tr><td rowspan="2">板材甲醛释放量</td><td>干燥器法</td><td>mg/L</td><td>—</td><td colspan="3" rowspan="2">符合 GB18580—2001 中第 5 章的规定</td><td>—</td></tr>
<tr><td>穿孔法</td><td>mg/100 g</td><td>—</td><td>—</td></tr>
</table>

注：a. 改性脲醛树脂的外观、pH 值。固化时间不受此表限制，可由供需双方协商确定。

b. 用脲醛树脂生产高密度纤维板的内结合强度指标可由供需双方协商决定。

于 5 mL 的脲醛树脂中加入适量的氯化铵固定剂[7]，充分搅匀后均匀涂在表面干净的两块平整的小木板条上，然后让其吻合并于上面加压过夜便可粘接牢固。

【注释】

[1] 使用恒温水浴锅，可不用温度计，以空心塞塞住瓶口。

[2] 混合物的 pH 值不应超过 8~9，以防止甲醛发生歧化反应。

[3] 制备脲醛树脂时，尿素与甲醛的摩尔比以 1：（1.6~2）为宜。尿素可一次加入，但以二次加入为好。这样可使甲醛有充分机会与尿素反应，以大大减少树脂中的游离甲

醛。

[4]为了保持一定的温度,需要慢慢加入尿素,否则,一次加入尿素,由于溶液吸热可使温度降至5~10 ℃。因此需要迅速加热使其重新达到20~25 ℃,这样得到的树脂浆状物不仅有些浑浊而且黏度增高。

[5]在此期间如发现黏度骤增,出现冻胶,应立即采取措施补救。出现这种现象的原因可能有:①酸度太重,pH 值为4.0 以下;②升温太快,或温度超过100 ℃。

补救的方法如下:

①使反应液降温;

②加入适量的甲醛水溶液稀释树脂,从内部反应降温;

③加入适量的氢氧化钠水溶液,把 pH 值调节到7.0,酌情确定出料或继续加热反应。

[6]树脂是否制成,可用如下方法检查:

①用棒蘸点树脂,最后两滴迟迟不落,末尾略带丝状,并缩回棒上,则表明已经成胶。

②1 份样品加2 份水,出现浑浊。

③取少量树脂放在两手指上不断相挨相离,在温室时,约1 min 内觉得有一定黏度,则表示已成胶。

[7]常用的固化剂有氯化铵、硝酸铵等,以氯化铵和硫酸铵为好。固化速度取决于固化剂的性质、用量和固化温度。若用量过多,胶质变脆;过少,则固化时间太长,故于室温下,一般树脂与固化剂的质量比以100:(0.5~1.2)为宜。加入固化剂后,应充分调匀。

【讨论】

(1)反应开始时为什么要控制混合物 pH 值为7.5~8?

(2)为什么加尿素时要慢慢加入?

(3)使用固化剂时应注意什么?

(4)脲醛树脂胶粘剂有许多优点,但也有缺点,即耐水性较差,胶层脆性大,易老化,使用过程会因降解或水解释放对人体有害的甲醛气体,如何改进?

实验 18　醇酸树脂的合成

【实验目的】

1. 了解醇酸树脂缩聚反应原理。
2. 掌握醇酸树脂的合成方法及质量控制。

【实验原理】

凡是由苯酐、顺酐、脂肪酸、苯甲酸等与甘油、季戊四醇、乙二醇等多元醇缩聚反应后生成的树脂统称为醇酸树脂。

在涂料用合成树脂中，醇酸树脂的产量最大，品种最多，用途最广，约占世界涂料用合成树脂总产量的 15%，占我国涂料总量的 25%。由于它的价格低，比较容易应用和有较大的适应性，故得以广泛应用。另外，可以通过改变反应物或反应物的比例或是添加改性剂，将醇酸树脂改性，以适应多种应用的要求。

本实验以邻苯二甲基酐（苯酐）和丙三醇为聚酯原料来制备醇酸树脂。

邻苯二甲基酐和丙三醇（甘油）以等摩尔反应时，反应到后期会发生凝胶化，形成网状交联结构的树脂。若加入脂肪酸或植物油，使甘油先变成甘油－酸酯

$$\mathrm{R{-}\overset{\overset{\displaystyle O}{\|}}{C}{-}CH_2{-}\overset{\overset{\displaystyle OH}{|}}{CH}{-}CH_2OH}$$

这是二官能团的化合物，再与苯酐反应就是线型缩聚了，不会出现凝胶化。如果所用脂肪酸中含有一定数量的不饱和双键，则所得的醇酸树脂能与空气中的氧发生反应，而交联成不溶不熔的干燥漆膜。

合成醇酸树脂通常先将植物油与甘油在碱性催化剂存在下进行醇解反应，以生成甘油－酸酯

$$\begin{array}{l}\mathrm{CH_2OOCR}\\ |\\ \mathrm{CHOOCR'}\\ |\\ \mathrm{CH_2OOCR''}\end{array} + 2\begin{array}{l}\mathrm{CH_2OH}\\ |\\ \mathrm{CHOH}\\ |\\ \mathrm{CH_2OH}\end{array} \longrightarrow \begin{array}{l}\mathrm{CH_2OH}\\ |\\ \mathrm{CHOH}\\ |\\ \mathrm{CH_2OOCR}\end{array} + \begin{array}{l}\mathrm{CH_2OH}\\ |\\ \mathrm{CHOOCR'}\\ |\\ \mathrm{CH_2OH}\end{array} + \begin{array}{l}\mathrm{CH_2OH}\\ |\\ \mathrm{CHOH}\\ |\\ \mathrm{CH_2OOCR''}\end{array}$$

然后加入苯酐进行缩聚反应，同时脱去水，最后生成醇酸树脂

$$\sim\mathrm{O{-}\overset{O}{\overset{\|}{C}}{-}C_6H_4{-}\overset{O}{\overset{\|}{C}}{-}O{-}CH_2{-}\underset{\underset{\displaystyle O{-}\underset{\underset{\displaystyle O}{\|}}{C}{-}R'}{|}}{CH}{-}CH_2{-}O{-}\overset{O}{\overset{\|}{C}}{-}C_6H_4{-}\overset{O}{\overset{\|}{C}}{-}O{-}CH_2{-}\underset{\underset{\displaystyle O{-}\underset{\underset{\displaystyle O}{\|}}{C}{-}R'}{|}}{CH}{-}CH_2{-}O}\sim$$

本实验的植物油为亚麻油，它所含的双键数多，干燥速度快，称为干性油。

【仪器与试剂】

1. 仪器

三口烧瓶（250 mL）；球形冷凝管；滴液漏斗；分水器；电热套；电动搅拌器；温度计（0 ~200 ℃、0 ~300 ℃）。

2. 试剂

亚麻油 52.2 g；甘油 16.5 g；氢氧化锂 0.1 g；苯酐 33.2 g；二甲苯 6 mL；溶剂汽油 100 mL；甲苯；乙醇；1 g/L 酚酞指示剂；0.1 mol/L 氢氧化钾-乙醇标准溶液。

【实验步骤】

1. 亚麻油醇解

在装有电动搅拌器、温度计、球形冷凝管的 250 mL 三口烧瓶中加入 52.2 g 亚麻油和 16.5 g 甘油。加热至 120 ℃，然后加入 0.1 g 氢氧化锂。继续加热至 240 ℃，保持醇解 30 min，取样，测定反应物的醇溶性。当达到透明时即为醇解终点；若不透明，则继续反应，定期测定，到达终点后将其降温至 200 ℃。

2. 酯化

在三口烧瓶与球形冷凝管之间装上分水器，分水器中装满二甲苯（到达支口为止，这部分二甲苯未计入配方量中）。将 33.2 g 苯酐用滴液漏斗加入三口烧瓶中，温度保持（180 ~200）℃，约在 30 min 内加完，蒸出水分。然后加入 6 mL 二甲苯，缓慢升温至（230 ~240）℃，回流 2 ~3 h。取样，测定酸值，酸值小于 20 mg/g（以 KOH 计）时为反应终点。冷却后，加入 100 mL 溶剂汽油稀释，得米棕色醇酸树脂溶液，装瓶备用。

3. 终点控制及成品测定

醇解终点测定：取 0.5 mL 醇解物加入 5 mL 95% 乙醇，剧烈振荡后放入 25 ℃水浴中，若透明说明终点已到，浑浊则继续醇解。

测定酸值：取样 2 ~3 g（精确称至 0.1 mg），溶于 30 mL 甲苯-乙醇的混合液中（甲苯：乙醇 =2：1），加入 4 滴酚酞指示剂，用氢氧化钾-乙醇标准溶液滴定。然后用下式计算酸值

$$酸值=\frac{c_{KOH}\times 56.1}{m_{样品}}\times V_{KOH}$$

式中 c_{KOH}——KOH 的浓度，mol/L；

$m_{样品}$——样品的质量，g；

V_{KOH}——KOH 溶液的体积，mL。

测定固体含量：取样 3 ~4 g，烘至恒重（120 ℃约 2 h），计算固体含量。

$$固体含量=\frac{m_{固体}}{m_{溶液}}\times 100\%$$

【注意事项】

(1)本实验必须严格注意安全操作,防止着火。

(2)各升温阶段必须缓慢均匀,防止冲料。

(3)加苯酐时不要太快,注意是否有泡沫升起,防止溢出。

(4)加二甲苯时必须熄火,并注意不要加到烧瓶的外面。

【讨论】

(1)为什么反应要分成两步,即先醇解后酯化?是否能将亚麻油、甘油和苯酐直接混在一起反应?

(2)缩聚反应有何特点?加入二甲苯的作用是什么?

(3)为什么用反应物的酸值来决定反应的终点?酸值与树脂的相对分子质量有何联系?

实验 19　107 建筑涂料的制备及应用

【实验目的】

1. 了解涂料的一般组成和醇醛缩合反应原理。

2. 掌握聚乙烯醇缩甲醛胶的制备方法和涂-4 黏度计的使用。

【实验原理】

合成涂料是以有机高分子为基料，加入填料、颜料、分散剂、固化剂等添加剂而形成的可用于材料表面涂覆的混合物质。有机高分子为主要成膜物质，填料主要是起骨架、减小体积收缩、降低成本的作用，颜料起调色的作用，加入分散剂是为了使无机颜料、填料在有机高分子基料中分散均匀、防止沉淀，另外还可以根据情况加入泡沫剂、偶联剂、防霉剂、防锈剂、增稠剂等。

合成涂料种类繁多，常用的有醇酸类、硝基类、聚乙烯醇缩醛类、聚醋酸乙酯类、聚丙烯酸酯类、聚环树脂、环氧树脂、聚胺树脂等。

本实验以聚合度约 1 700 的聚乙烯醇为主要原料，在盐酸的催化下与甲醛反应，生成聚乙烯醇缩甲醛（107 胶）。

$$\sim\!\sim CH_2-\underset{\displaystyle OH}{\underset{|}{CH}}-CH_2-\underset{\displaystyle OH}{\underset{|}{CH}}\sim\!\sim + HCHO \xrightarrow{HCl} \sim\!\sim CH_2-\underset{\displaystyle OCH_2OH}{\underset{|}{CH}}-CH_2-\underset{\displaystyle OH}{\underset{|}{CH}}\sim\!\sim$$

$$\longrightarrow \sim\!\sim CH_2-\underset{\displaystyle O}{\underset{|}{CH}}-CH_2-\underset{\displaystyle O}{\underset{|}{CH}}\sim\!\sim \ (\text{两个 O 经 } CH_2 \text{ 相连成环}) + \sim\!\sim CH_2-\underset{\displaystyle O-CH_2-O}{\underset{|}{CH}}-CH_2-\underset{\displaystyle OH}{\underset{|}{CH}}\sim\!\sim \ (O-CH_2-O \text{ 连接另一链 } \sim\!\sim CH_2-\underset{|}{CH}-CH_2-\underset{\displaystyle OH}{\underset{|}{CH}}\sim\!\sim)$$

由于聚乙烯醇分子中只有一小部分羟基参加了缩醛反应，仍存在大量的自由羟基，同时，部分羟基的缩醛化，破坏了聚乙烯醇分子的规整结构，使所生成的这种 107 胶仍具有较好的水溶性。

以 107 胶为主体，加入填料、颜料、消泡剂和防沉淀剂等物料，经充分混合和研磨分散，就成为聚乙烯醇缩甲醛外墙涂料。将其涂装在墙面上，待水分挥发后，由于聚乙烯醇缩甲醛分子羟基间的氢键作用力，以及羟基与填料等物质的极性基间的作用力，使 107 胶能与填料、颜料及其他成分牢固地粘附在墙面上，起保护和装饰作用。本实验所制备的涂料，对墙面有较强的粘附力，遮盖力强，硬度高，耐光性和耐水性好，成本低廉。

【仪器与试剂】

1. 仪器

电动搅拌器;恒温水浴锅;涂-4 黏度剂;秒表;三口瓶(250 mL);滴液漏斗;漆刷;三合样板;烧杯。

2. 试剂

甲醛(36%);聚乙烯醇;盐酸(37%);氢氧化钠(30%)。

【实验步骤】

1. 制备

向装有电动搅拌器、滴液漏斗和温度计的三口瓶中加入 200 mL 水,搅拌中加入 15 g 聚乙烯醇。逐步升温至 80 ~ 90 ℃,搅拌溶解。溶解后加入浓盐酸,调 pH 值为 2 左右。保温约 90 ℃,于 15 ~ 20 min 内滴入 5 mL 36% 的甲醛,继续搅拌 5 ~ 10 min,降温至约 60 ℃,慢慢滴加 30% 的氢氧化钠溶液,调节反应液 pH 值至 7.0 ~ 7.5。撤去热源,继续搅拌片刻。

2. 黏度的测试

参照 GB/T 1723—1993 涂料黏度测定法中涂-4 黏度剂的测试方法进行测试。聚乙烯缩甲醛化及中和操作,溶液的黏度为 30 S。

3. 涂料的配制

(1)配方

内墙涂料配方见表 2.3。

表 2.3　聚乙烯醇缩甲醛内墙涂料配方　　　　**单位:g**

名称	规格	107-1	107-2	107-3
107 胶	30 ~ 40 S(涂 4-黏度)	70.0	100.0	100.0
丙二醇				2.5
钛白粉	300 目,A 型		2.85	9.0
立德粉	300 目	14.0	5.70	9.0
滑石粉	300 目	13.2	5.70	6.0
轻质碳酸钙			30.0	30.0
磷酸三丁酯		0.3	0.2	0.3
六偏磷酸钠 10%		3.0	2.0	5.0
缩甲基纤维素		1.0		
色素			适量	适量
水		适量	适量	20.0
膨润土	土 : 水=1 : 1.15	96.4		

(2)涂料配制

①107-1 号涂料:按配方称量各物料,在 100 mL 烧杯中加适量水将六偏磷酸钠溶解,加入已溶胀溶解的羧甲基纤维素和磷酸三丁酯,混匀,加入到 107 胶中,搅拌同时一次加入膨润土浆、滑石粉、立德粉(锌钡白),混匀,视需要加入色浆,混匀经研磨过滤即制成。

②107-2 号涂料:按配方称量各物料,将六偏磷酸钠加入适量水中搅拌使其溶解,依次钛白粉、立德粉、轻质碳酸钙、滑石粉、磷酸三丁酯,混匀加入 107 胶中,混匀,视需要加入色浆,混匀经研磨过滤即制成。

③107-3 号涂料:将聚乙酸缩甲醛水溶液 100 g 加入到三口瓶中,再将六偏磷酸钠水溶液、去离子水、丙二醇及磷酸三丁酯加到三口瓶中,开动搅拌器使物料均匀,在快速搅拌下,缓慢加入钛白粉(或立德粉)、滑石粉和轻质碳酸钙,继续搅拌 30 min,待分散均匀后,加入少量颜色颜料浆,再搅拌 10 min,即得彩色涂料。

(3)性能测试

①成品要求:见表 2.4。

表 2.4　成品质量要求

项　　目	指　标
外观	厚稠流体
固体含量/%	30 ~ 40
黏度(涂 4-,25 ℃)/s	30 ~ 40
表干时间/h　≤	1
遮盖力(黑白格法)/g　≤	350

②干燥时间测试:用漆刷均匀涂刷三合板样板,观察漆膜干燥情况,用手指轻按漆膜直至无指纹为止,即为表干时间。注意涂刷样板时要涂得均匀,不能太厚,以免影响漆膜干燥。

(4)应用

本实验制得的涂料可用来涂装内墙,使用前先搅匀,但不可加水稀释,以免脱粉,涂装时涂刷 1 ~ 2 遍即可在墙上形成美观的涂层。

【讨论】

(1)本涂料的主要成膜物质是什么?

(2)聚乙烯缩醛化时,羟基转化率是否需要控制,为什么?

(3)涂料配方中各原料有何作用?

(4)搅拌颜料、填料时为什么要高速搅拌?

实验 20　相转移催化法合成扁桃酸

【实验目的】

1. 学习相转移催化合成的基本原理。

2. 掌握季铵盐在多相反应中的催化机理和应用技术。

3. 巩固萃取及结晶操作技术。

【实验原理】

在有机合成中常遇到有机相和水相参加的非均相反应,有的反应速度慢,操作复杂,产率低,甚至很难发生反应,而相转移催化法可以利用某种催化剂使互不相溶的两相物质发生反应,并加速这种非均相反应。

例如

$$RX(\text{有机相}) + NaCN(\text{水相}) \xrightarrow[\text{催化剂}]{Q^+X^-} RCN(\text{有机相}) + NaX(\text{水相})$$

其中 Q^+X^- 为相转移催化剂。

转移机理

$$Q^+CN^- + NaX \rightleftharpoons Q^+X^- + NaCN$$

[反应物(水相)]

水相

有机相

$$Q^+CN^- + RX \rightleftharpoons RCN + Q^+X^-$$

[反应物(有机相)]　(产物)　(催化剂)

从循环图中看出,相转移催化剂(QX)与水相中的反应物(NaCN)反应(发生离子交换或缔结)后,将处于活泼形式的缔结物 Q^+CN^- 转移到有机相中,再与有机相中的反应物(RX)反应得到产物(RCN)。作为相转移催化剂,必须具备以下两个条件:

(1)相转移催化剂能够溶于(解离于)两相中,并能转移一相之试剂到另一相中。

(2)被转移的试剂处于较活泼的形式。

相转移催化法的使用具有高普遍性,其反应速度快,反应条件温和,容易控制,产物也便于分离,具有广泛的应用前景和使用价值。

扁桃酸,学名为苯乙醇酸,又称苦杏仁酸,可做医药中间体,用于合成环扁桃酯、扁桃酸乌洛托品及阿托品类解痛剂,也可用作测定铜和锆的试剂。扁桃酸可以通过 α,α-二氯苯乙酮($C_6H_5COCHCl_2$)或扁桃腈[$C_6H_5CH(OH)CN$]的水解而制得。不过这两条合成路线都较长,尤其是后者,还要用到剧毒物 NaCN,工业生产不安全,而且收率也不高。如采用相转移催化法,一步即可得到 d,l-扁桃酸,大大缩短了合成路线,可节省大量时间,又消除了污染,安全可靠。其反应机理如下

$$\text{C}_6\text{H}_5\text{CHO} \xrightarrow{:\text{CCl}_2} \text{C}_6\text{H}_5\text{-}\underset{\text{H}}{\text{C}}\text{H-O-CCl}_2 \text{(epoxide)} \xrightarrow{\text{重排}} \text{C}_6\text{H}_5\text{-CH(Cl)-COCl} \xrightarrow{OH^-} \xrightarrow{H^+} \text{C}_6\text{H}_5\text{-CH(OH)COOH}$$

其中:CCl_2 称为二氯卡宾,反应活性很高。过去,有二氯卡宾参与的反应都是在严格无水的条件下进行的。现在,由于相转移催化剂的介入,在水相-有机相两相体系中产生的二氯卡宾已变得十分方便,其机理如下

水相　　$Q^+Cl^- + NaOH \rightleftharpoons Q^2OH^- + Na^+Cl^-$

$$\downarrow$$

$$Q^2OH^- + Na^+Cl_3$$

$$\downarrow$$

有机相　　$Q^+Cl^- + :CCl_2 \longleftarrow Q^2CCl_3^- + H_3^+O$

本实验采用十六烷基三甲基溴化铵($C_{16}H_{33}N(CH_3)_3Br$,缩写为 CTMAB)作相转移催化剂。

【仪器与试剂】

1. 仪器

250 mL 三口烧瓶;滴液漏斗;电动搅拌器;回流冷凝管;恒温水浴锅;100 mL 圆底烧瓶;抽滤装置;温度计;500 mL 分液漏斗。

2. 试剂

苯甲醛 10.1 mL(10.6 g,0.1mol);氯仿 16 mL(24 g,0.2mol);十六烷基三甲基溴化铵 1.0 g;300 g/L 氢氧化钠溶液 35 mL;乙醚 140 mL;1+1 硫酸溶液;95% 乙醇;无水硫酸镁。

【实验步骤】

1. 合成反应

在 250 mL 三口烧瓶上,配置搅拌器、冷凝管、滴液漏斗和温度计,依次加入 10.1 mL 苯甲醛、16 mL 氯仿和 1 g CTMAB。水浴加热并搅拌[1]。

当反应温度升至 56 ℃,开始自滴液漏斗慢慢滴加 35 mL 300 g/L 氢氧化钠水溶液。滴加碱液过程中,保持反应温度在(60 ~65) ℃,大约 20 min 滴毕,继续搅拌 40 min,反应温度维持在(65 ~70) ℃。

2. 提取粗产品

用 200 mL 水将反应液稀释,然后用乙醚萃取两次(2×30 mL),合并醚层(留待回收乙醚)。用 1+1 硫酸酸化相水至 pH=2 ~3,再用乙醚萃取两次(2×40 mL)。此次萃取液合并后用无水硫酸镁干燥[2],蒸除乙醚[3],即得外消旋苯乙醇酸粗品[4]。

3. 纯化

用 30 mL 95% 乙醇重结晶纯化，所得产品为白色针状晶体。产品经干燥后称量，测定熔点并计算产率。

(±)苯乙醇酸呈白色片状晶体，熔点(120 ~ 122) ℃。记录(±)苯乙醇酸的红外光谱，并与图 2.4 作比较，指出产物在谱图中的重要吸收峰。

【注释】

[1]此反应是发生在两相界面之间，强烈搅拌反应混合物，有利于加速反应。

[2]用量(5 ~ 6) g，干燥(0.5 ~ 1) h。或使用无水硫酸钠。

[3]水浴蒸除，实验场所不得有明火。

[4]每克粗产物约需 1.5 mL 甲苯。

【讨论】

(1)以季铵盐为相转移催化剂的催化反应原理是什么？

(2)本实验中，如果不加入季铵盐会产生什么后果？

(3)反应结束后为什么要用水稀释？而后用乙醚萃取，目的是什么？

(4)反应液经酸化后为什么再次用乙醚萃取？

(5)在苯乙醇酸的红外光谱中为什么羟基峰呈尖细状(见图 2.4)？

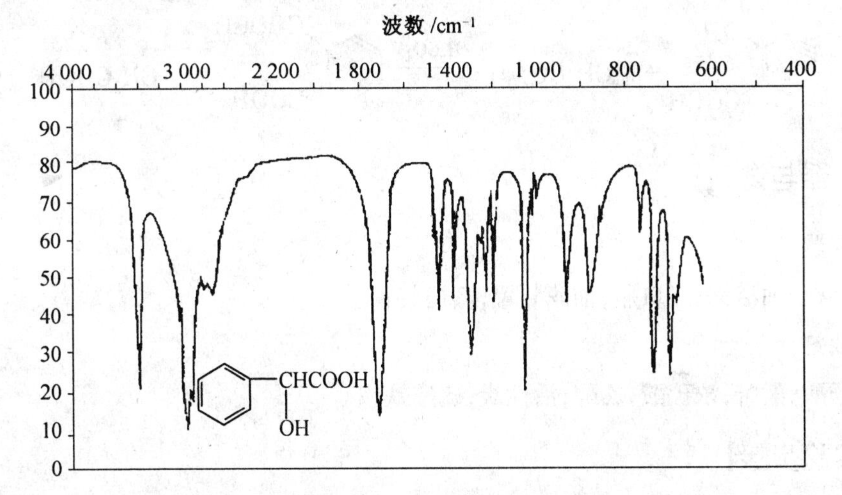

图 2.4　(±)苯乙醇酸的红外光谱图(研糊法)

实验21　阿司匹林(Aspirin 乙酰水杨酸)的合成

【实验目的】

1. 掌握酯化反应和重结晶的原理及基本操作。
2. 熟悉阿司匹林的合成方法。

【实验原理】

阿司匹林为解镇痛药,用于治疗伤风、感冒、头痛、发烧、神经痛、关节痛及风湿病等。近年来,又证明它具有抑制血小板凝聚的作用,其治疗范围又进一步扩大到预防血栓形成,治疗心血管疾患。阿司匹林化学名为2-乙酰氧基苯甲酸,化学结构式为

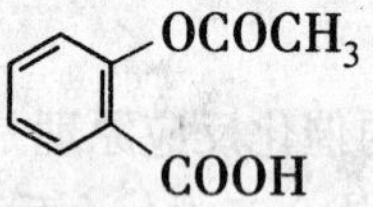

$OCOCH_3$

$COOH$

阿司匹林为白色针状或板状结晶,熔点135～140 ℃,易溶于乙醇,可溶于氯仿、乙醚,微溶于水。

合成路线如下

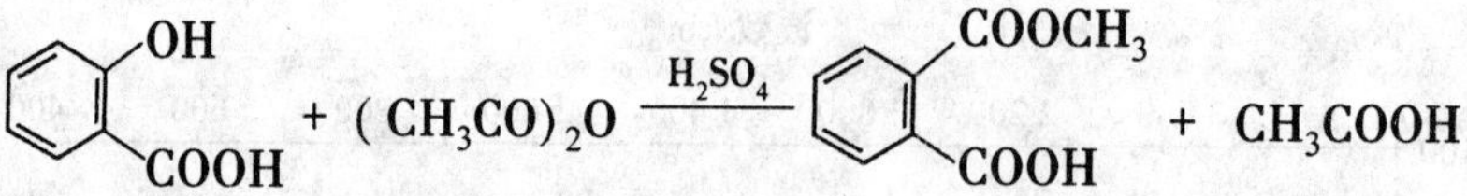

$$\text{(OH, COOH)} + (CH_3CO)_2O \xrightarrow{H_2SO_4} \text{(COOCH}_3\text{, COOH)} + CH_3COOH$$

【仪器与试剂】

1. 仪器

搅拌机;油浴锅;三口瓶;抽滤装置;蒸馏装置。

2. 试剂

水杨酸;醋酐;浓硫酸;乙醇;活性炭;硫酸铁铵。

【实验步骤】

1. 酯化

在装有搅拌棒及球形冷凝器的100 mL三口瓶中,依次加入水杨酸10 g,醋酐14 mL,浓硫酸5滴。开动搅拌机,置油浴加热,待浴温升至70 ℃时,维持在此温度反应30 min。停止搅拌,稍冷,将反应液倾入150 mL冷水中,继续搅拌,至阿司匹林全部析出。抽滤,用少量稀乙醇洗涤,压干,得粗品。

2. 精制

将所得粗品置于附有球形冷凝器的100 mL圆底烧瓶中,加入30 mL乙醇,于水浴上加热至阿司匹林全部溶解,稍冷,加入活性碳回流脱色10 min,趁热抽滤。将滤液慢慢倾

入75 mL热水中,自然冷却至室温,析出白色结晶。待结晶析出完全后,抽滤,用少量稀乙醇洗涤,压干,置红外灯下干燥(干燥时温度不超过60 ℃为宜),测熔点,计算收率。

3. 水杨酸限量检查

取阿司匹林0.1 g,加1 mL乙醇溶解后,加冷水适量,制成50 mL溶液。立即加入1 mL新配制的稀硫酸铁铵溶液,摇匀;30 s内显色,与对照液比较,不得更深(0.1%)。

对照液的制备:精密称取水杨酸0.1 g,加少量水溶解后,加入1 mL冰醋酸,摇匀;加冷水适量,制成1 000 mL溶液,摇匀。精确吸取1 mL,加入1 mL乙醇,48 mL水及1 mL新配制的稀硫酸铁铵溶液,摇匀。

稀硫酸铁铵溶液的制备:取盐酸(1 mol/L)1 mL,硫酸铁铵指示液2 mL,加冷水适量,制成1 000 mL溶液,摇匀。

4. 结构表征

红外吸收光谱法、标准物TLC对照法;核磁共振光谱法。

【讨论】

(1)向反应液中加入少量浓硫酸的目的是什么?是否可以不加?为什么?

(2)本反应可能发生哪些副反应?产生哪些副产物?

(3)阿司匹林精制依据什么原理?为何滤液要自然冷却?

实验22　壳聚糖的制备和壳聚糖脱乙酰度的测定

【实验目的】

1. 甲壳素经脱乙酰化反应后制备壳聚糖。
2. 了解壳聚糖脱乙酰度、黏度的测定原理及方法。

【实验原理】

甲壳素是节肢动物如虾、蟹和昆虫等外壳的重要成分，也是一些低等动物如真菌类的重要成分。据估计，自然界中每年甲壳素的生物合成量近10亿吨之多，它是地球上仅次于纤维素的第2大类再生有机资源，甲壳素的化学名为(1,4)-2-乙酰氨基-2-脱氧-β-D-葡聚糖，甲壳素为白色无定型固体，于大约270 ℃分解，几乎不溶于水、稀酸和浓碱、乙醇及其有机溶剂。甲壳素，尤其是壳聚糖，能通过分子中的氨基和羟基与许多金属离子形成稳定的螯合物，具有良好的生物相容性和生物降解性，降解产物一般对人无毒副作用。因此，可作为絮凝剂用于废水处理、食品厂蛋白质回收、中药药液的提纯精制(除去蛋白、核酸、鞣酸、果胶等大分子物质及对酚、卤素等中小分子的吸附)、除去酱油沉淀物、氨基酸光学异构体的分离、小麦胚芽凝集素的分离、溶液中重金属离子的分离，也是药物、肥料、饲料及鱼饵等颗粒剂的黏合剂。甲壳素和壳聚糖容易制成膜，具有良好的黏附性、通透性及一定的抗拉强度，可用作音响设备振动膜、双电解质膜、反渗透膜、超滤膜、渗透蒸发膜。

采用不同方法制备甲壳素，溶解度、分子质量、乙酰基值和比旋光度等均有差别。甲壳素与浓的氢氧化钠溶液在高温下发生脱乙酰化反应，再经清洗、烘干，便制得壳聚糖。提高脱乙酰度往往需要用氢氧化钠溶液多次处理，一般把脱乙酰度(Degree of Deacetylation)大于60%的甲壳素称为壳聚糖，壳聚糖的化学名(1,4)-2-氨基-2-脱氧-β-D-葡聚糖，约在185 ℃分解，可溶解于有机酸、弱酸稀溶液，化学性质较活泼，具有无毒，无味、耐碱、耐热、耐晒、耐腐蚀、易于生物降解。

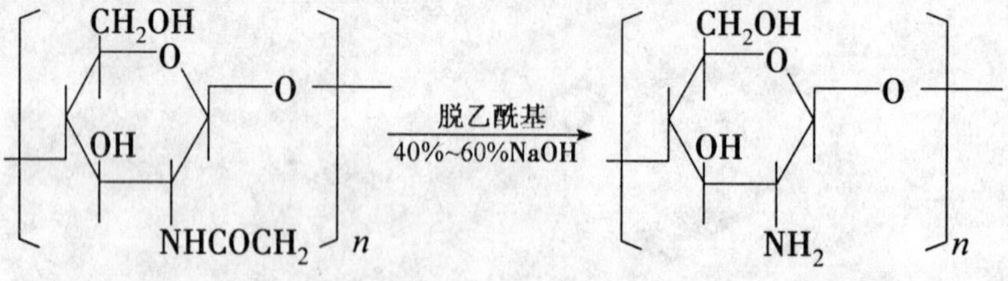

$$\left[\ CH_2OH,\ O,\ OH,\ NHCOCH_2\ \right]_n \xrightarrow[40\%\sim60\%NaOH]{\text{脱乙酰基}} \left[\ CH_2OH,\ O,\ OH,\ NH_2\ \right]_n$$

壳聚糖产品中的脱乙酰度和分子质量是鉴定壳聚糖质量的重要指标。

壳聚糖脱乙酰度的测定方法有红外光谱法、酸碱指示剂法、电位滴定法、热解分析法、氢溴酸盐法、胶体滴定法等。

测定高聚物分子质量的方法很多，而不同方法所得平均分子质量也有所不同。比较起来，黏度法设备简单，操作方便，并有很好的实验精度，是常用的方法之一。用该法求得的摩尔质量称为黏均分子质量。

【仪器与试剂】

1. 仪器

FA1004 型电子天平；超级恒温水浴槽；乌式黏度计；烧杯（500 mL，1 000 mL）；容量瓶（100 mL，250 mL，1 000 mL）；移液管（1 mL，2 mL，5 mL，10 mL，50 mL）；25 mL 酸式滴定管（棕色）；50 mL 酸式滴定管；锥形瓶（250 mL）；秒表；G-3 玻璃砂芯漏斗。

2. 试剂

盐酸 0.1 mol/L 标准溶液；氢氧化钠 0.1 mol/L 标准溶液；甲基橙；0.1% 水溶液；苯胺蓝；0.1% 水溶液；甲基橙－苯胺蓝以 1 ∶ 2（V/V）混合配置使用；0.1 mol/L HAc-0.2 mol/L NaCl（作溶剂）。

【实验步骤】

1. 制备壳聚糖

将甲壳素置于浓烧碱（NaOH，质量分数为 40%）在90 ℃，搅拌速度为 50 ~ 80 r/min 的条件反应 12 h，然后过滤，清洗至滤液呈中性，放置在烘箱中烘干，得到壳聚糖成品。

2. 壳聚糖脱乙酰度的测定

如图 2.5 所示，准确称取壳聚糖 0.3 ~ 0.5 样品，置于 250 mL 三口瓶中，加入 0.1 mol/L 标准盐酸溶液 30 mL，在 20 ~ 25 ℃搅拌至溶解完全（可加适量蒸馏水），加入 5 ~ 6 滴甲基橙-苯胺蓝指示剂，用标准 0.1 mol/L 氢氧化钠溶液的滴定游离的盐酸至变成浅蓝绿色，样品要平行测 3 次。壳聚糖中游离氨基含量和脱乙酰度的计算公式为

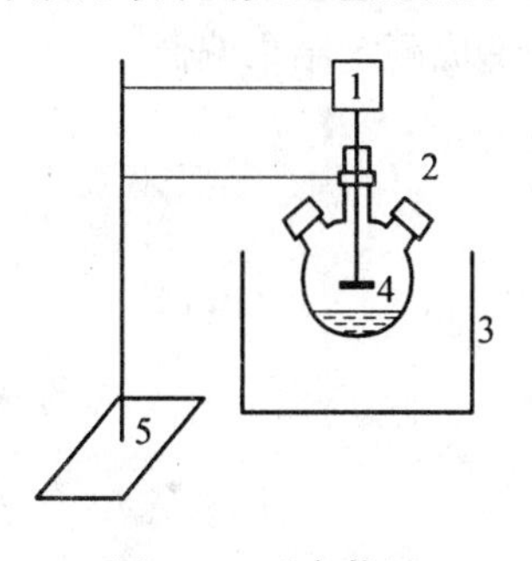

图 2.5　反应装置

1—电动搅拌器；2—三口烧瓶；3—恒温水浴；4—反应物；5—铁架台

$$w_{\text{脱乙酰度(D.D)}} = \frac{NH_2}{9.94\%} \times 100\%$$

$$w_{NH_2} = \frac{(c_1 V_1 - c_2 V_2) \times}{G(100-W)} \times 100\%$$

式中　c_1——盐酸标准溶液的浓度，mol/L；

c_2——氢氧化钠标准溶液的浓度，mol/L；

V_1——加入的盐酸标准溶液的体积，mL；

V_2——滴定用的氢氧化钠标准溶液的体积，mL；

G——样品的质量，g；

W——样品的水分，%；

0.016——1 mL 与 1 mol/L 盐酸溶液相当的氨基量，g。

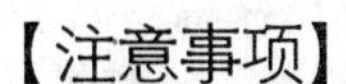

【注意事项】

（1）测壳聚糖脱乙酰度时试样必须溶解完全，否则影响测定结果，壳聚糖的溶解比较慢，即使脱乙酰度大于 90% 壳聚糖在稀酸中也不能很快溶解，存在逐渐溶解的过程，开始看不到壳聚糖溶解，主要是因为氨基结合氢质子，当阳离子聚电解质形成达到一定的数

量,才有少量壳聚糖溶解,最先溶解的是脱乙酰度高而分子质量低的壳聚糖,最后是分子质量高而脱乙酰度低的壳聚糖,不同脱乙酰度的壳聚糖溶解性不一样,脱乙酰度越高,溶解越快。经测定得出:在室温的条件下,脱乙酰度大于90%,溶解时间不超过2 h,脱乙酰度小于80%,至少需要12 h以上。

(2)为了促进样品溶解,一般采取加热和搅拌的方式,切忌高温加热和剧烈搅拌,因为它们将造成壳聚糖链降解,最高温度不要超过30 ℃。搅拌有许多方式,有手工搅拌、磁力搅拌等,这些搅拌方式易引起滴定误差,因为壳聚糖相对来说粘性比较大,易往搅拌棒上沾。经过多次实验,摸索出一种测试误差小的搅拌方式,改用多功能振荡器对其搅拌,这样减少其接触面积。通过改进测脱乙酰度方法减少了滴定误差。

(3)一般的酸碱滴定,开始速度较快,达到滴定终点速度减慢,但在测定壳聚糖脱乙酰度时滴定速度始终要慢,要留有足够的反应时间,以减少误差。

(4)分子质量高的壳聚糖同分子质量低的壳聚糖相比样品量要少,壳聚糖相对分子质量越高,其溶液的黏度越大,相对分子质量低的,黏度小。试验表明:低黏度样品在滴定过程中呈澄清状态,测定误差偏小;分子质量高的壳聚糖黏度大,在滴定中变色较慢,而且易发生凝集现象,造成误差偏大,最好控制在0.3 g左右。产生凝集的原因是质子化的壳聚糖在酸度较小时,有脱质子形成中性的胶体凝集体的趋势,而脱出的质子被碱滴定,因而造成测定结果偏低。

第3篇　材料化学及水处理实验

实验23　纳米TiO_2材料的制备及光催化性能测定

【实验目的】

1. 了解纳米TiO_2溶胶-凝胶法制备工艺。
2. 了解影响光催化性能的影响因素及表征方法。
3. 掌握纳米TiO_2光催化材料的光催化机理。
4. 了解水处理技术的新方法及发展趋势。

【实验原理】

纳米技术是当今材料学研究的热点领域,并已在工业生产和日常生活中得到广泛应用。

光催化降解有机物工艺较简单,成本较低,可以在常温常压下氧化分解结构稳定的有机物,同时利用太阳光作为光源,无二次污染。因而,光催化为最有希望的环境友好型催化技术。

目前,用作光催化剂的多为半导体材料,如TiO_2、ZnO、CdS、WO_3、SnO_2等。由于TiO_2本身具有高光催化活性、高化学稳定性、价格低廉、使用安全、制备的薄膜透明等特点,作为新一代的环境净化材料,得到广泛应用。TiO_2光催化剂可降解水、空气中的大部分有机物,并具有抗菌、除臭的功能。在陶瓷、玻璃表面形成一层TiO_2光催化薄膜后,该陶瓷、玻璃可用于室内装修,具有抗菌、除臭和净化空气的能力。

国内外制备纳米TiO_2的方法基本上可归纳为两类:气相法和液相法。气相法产量低,且均系高温反应,对耐腐蚀材质要求高,技术难度大,成本高,因而目前制备光催化剂纳米TiO_2多采用液相法。液相法制备纳米TiO_2又可分为胶溶法、溶胶-凝胶(Sol-Gel)法、化学共沉淀法,其中溶胶-凝胶法、化学共沉淀法最为常用。本实验采用溶胶-凝胶法。

以醇钛盐$Ti(OR)_4$为原料,无水醇为有机溶剂,加入一定量的二乙醇胺,起抑制水解作用,再加入聚乙二醇,以增大膜的孔穴率。先通过水解和缩聚反应制得溶胶,再进一步缩聚得到凝胶,凝胶经干燥、煅烧得到纳米TiO_2,其反应如下

水解　$Ti(OR)_4+nH_2O \longrightarrow Ti(OR)_{4-n}(OH)_n+nROH$

缩聚　$2\,Ti(OR)_{(4-n)}(OH)_n \longrightarrow [Ti(OR)_{(4-n)}(OH)_{(n-1)}]_2O+H_2O$

TiO_2是一种半导体,带隙能3.2 eV,受紫外光照射时发生激发,产生电子-空穴对

$$TiO_2+h\nu \longrightarrow h^+ + e^-$$

空穴具有很大的反应活性，是携带量子的主要部分，与表面吸附的 H_2O 或 OH^- 发生反应生成具有强氧化性的羟基自由基

$$H_2O+h^+ \longrightarrow \cdot OH+H^+$$

$$OH^- +h^+ \longrightarrow \cdot OH$$

电子与表面吸附的 O_2 发生反应

$$O_2+e^- \longrightarrow \cdot O_2^-$$

$$H_2O+ O_2^- \longrightarrow \cdot OOH+OH^-$$

$$2\cdot OOH \longrightarrow O_2+H_2O_2$$

$$\cdot OOH+H_2O+e^- \longrightarrow H_2O_2+OH^-$$

$$H_2O_2+e^- \longrightarrow \cdot OH+OH^-$$

生成的 · OH、· OOH、· O_2^- 具有很高的能量，能将有机物完全氧化形成 H_2O 和 CO_2。

【仪器与试剂】

1. 仪器

烧杯（150 mL）；量筒；分析天平；温度计；搅拌器；干燥箱；马弗炉；烧杯 500 mL；离心机；移液管；分光光度计；1 L 容量瓶；pH 试纸。

2. 药品

钛酸正丁酯（化学纯）；乙醇（化学纯）；二乙醇胺（化学纯）；聚乙二醇；甲基橙；冰醋酸。

【实验步骤】

1. 凝胶的制备

试剂配比为

$$n[Ti(OC_4O_9)_4] : n(EtOH) : n(H_2O) : n[NH(C_2H_4OH)_2] = 1:26.5:1:1$$

为防止钛酸正丁酯强烈水解，先将半量乙醇与钛酸正丁酯混合，搅拌下缓慢加入剩余乙醇、水、二乙醇胺的混合液，加热至 45 ℃左右。搅拌反应至形成稳定的凝胶，然后加入 1.5 g 聚乙二醇（研细），继续搅拌 30 min。

2. 涂膜的制备

将洁净的普通玻璃片浸入凝胶中，以 2 mm/s 的速度缓慢提升，100 ℃下在干燥箱中干燥 5 min，然后置于马弗炉中，在 500 ℃下煅烧 1 h，即得表面均匀透明的薄膜。重复上述操作，可得不同厚度的膜。

3. 表征

通过 X 射线衍射仪（XRD）测定纳米 TiO_2 的晶型，晶型应为锐钛矿型。

4. 性能测定

配制 10～100 mg/L 甲基橙溶液，滴加冰醋酸至 pH＝3～5，加入 1.5 g/L 实验制备的

TiO_2,搅拌,紫外光照射 30 min 后每隔 5 min 取样一次,离心分离,取上层清液,对比处理前后甲基橙的吸光度。

【讨论】

(1)在溶胶-凝胶法制备纳米 TiO_2 的过程中应注意哪些问题?

(2)TiO_2 的晶型有哪几种?作为光催化剂的 TiO_2 应为哪种晶型?

实验24　水热法制备纳米氧化铁材料

【实验目的】

1. 了解水热法制备纳米材料的原理与方法。
2. 加深对水解反应影响因素的认识。
3. 熟悉分光光度计、离心机、酸度计的使用。

【实验原理】

水解反应是中和反应的逆反应，是一个吸热反应。升温使水解反应的速度加快，反应程度增加；浓度增大对反应程度无影响，但可使反应速度加快，对金属离子的强酸盐来说，pH 值增大，水解程度与速度皆增大，在科研中经常利用水解反应来进行物质的分离、鉴别和提纯，许多高纯度的金属氧化物，如 Bi_2O_3、Al_2O_3、Fe_2O_3 等都是通过水解沉淀来提纯的。

纳米材料是指晶粒和晶界等显微结构能达到纳米级尺度水平的材料，是材料科学的一个重要发展方向。纳米材料由于粒径很小，比表面很大，表面原子数会超过体原子数，因此纳米材料常表现出与本体材料不同的性质。在保持原物质化学性质的基础上呈现出热力学上的不稳定性，如纳米材料可大大降低陶瓷烧结及反应的温度，明显提高催化剂的催化活性、气敏材料的气敏活性和磁记录材料的信息存储量。纳米材料在发光材料、生物材料方面也有重要应用。

氧化物纳米材料的制备方法很多，有化学沉淀法、热分解法、固相反应法、溶胶-凝胶法、气相沉淀法、水解法等。水热水解法是较新的制备方法。它通过控制一定的温度和 pH 值，使一定浓度的金属盐水解，生成氢氧化物或氧化物沉淀。若条件适当可得到颗粒均匀的多晶态溶胶，其颗粒尺寸在纳米级，对提高气敏材料的灵敏度和稳定性有利。

为了得到稳定的多晶溶胶，可降低金属离子的浓度，也可用配位剂络合控制金属离子的浓度，如加入 EDTA，可适当增大金属 Fe^{3+} 离子的浓度，获得更多的沉淀，同时对产物的晶形也有影响。若水解后，生成沉淀，说明成核不同步，可能是玻璃仪器未清洗干净，或者是水解浓度过大，或者是水解时间太长。此时的沉淀颗粒尺寸不均匀，颗粒也比较大。

$FeCl_3$ 水解过程中，由于 Fe^{3+} 转化为 Fe_2O_3 溶液的颜色发生变化，随着时间增加，Fe^{3+} 量逐渐减少，Fe_2O_3 粒径也逐渐增大，溶液颜色也趋于一个稳定值，可用分光光度计进行动态监测。

本实验以 $FeCl_3$ 为例，测试 $FeCl_3$ 的浓度、溶液的温度、反应的时间与 pH 值等对水解反应的影响。

【仪器与试剂】

1. 仪器

台式烘箱；721 或 722 型分光光度计；医用高速离心机或 800 型心沉淀器；pHS-2 型酸度计；多用滴管；20 mL 具塞锥形瓶，50 mL 容量瓶；离心试管；5 mL 吸量管。

2. 试剂

1.0 mol/L $FeCl_3$ 溶液；1.0 mol/L 盐酸溶液；1.0 mol/L EDTA 溶液；1.0 mol/L $(NH_4)_2SO_4$ 溶液。

【实验步骤】

1. 玻璃仪器的清洗

实验中所用一切玻璃器皿均需严格清洗。先用铬酸清洗液清洗，再用去离子水冲洗干净，然后烘干备用。

2. 水解温度的选择

本实验选定的水解温度为 105 ℃，同时可选水解温度为 95 ℃、80 ℃进行对照。

3. 水解时间对水解的影响

按 1.8×10^{-2} mol/L $FeCl_3$ 溶液、8.0×10^{-4} mol/L EDTA 的要求配制 20 mL 水解液，通过多用滴管滴加 1.0 mol/L 盐酸以酸度计监测，调节溶液的 pH 值至 1.3，置于20 mL具塞锥形瓶，放入 105 ℃台式烘箱中，观察水解前后溶液的变化。每隔 30 min 取样2 mL，于 550 nm 处观察水解液吸光度的变化，直到吸光度(A)基本不变，观察到桔红色溶胶为止，绘制 $A-t$ 图。约需读数 6 次。

4. 水解液 pH 值的影响

改变上述水解液的 pH 值，分别为 1.0、1.5、2.0、2.5、3.0，用分光光度计观察水解液 pH 值对水解的影响，绘制 pH$-t$ 图。

5. 水解液中 Fe^{3+} 浓度对水解的影响

改变步骤 3 中水解液的 Fe^{3+} 浓度，使之分别为 2.5×10^{-2} mol/L、5×10^{-2} mol/L、1.0×10^{-1} mol/L，用分光光度计观察水解液中 Fe^{3+} 浓度对水解的影响，绘制 $A-t$ 图。

6. 沉淀的分离

取上述水解液一份，迅速用冷水冷却，分为两份，一份用高速离心机分离，一份加入 $(NH_4)_2SO_4$ 使溶胶沉淀后用普通离心机分离。沉淀用去离子水洗至无 Cl^- 为止，比较两种分离方法的效率。

【讨论】

(1)影响水解的因素有哪些？如何影响？

(2)水解器皿在使用前为什么要清洗干净？若清洗不干净会带来什么后果？

(3)如何精密控制水解液的 pH 值？为什么可用分光光度计监控水解程度？

(4)氧化铁溶液的分离有哪些？哪种效果较好？

实验 25 水泥中 SiO_2、Fe_2O_3、Al_2O_3、CaO 和 MgO 的测定

【实验目的】

1. 学会在同一份复杂试样中进行多组分测定的系统分析方法。

2. 了解质量法测定 SiO_2 的含量过程，掌握水浴加热、沉淀、过滤、洗涤、灰化、灼烧等操作技术。

3. 熟练地应用直接滴定、返滴定等配位滴定法的原理，通过控制试液的酸度、温度及选择合适的掩蔽剂、指示剂等在铁、铝、钙、镁共存时进行测定。

【实验原理】

水泥的主要成分是硅酸盐，有硅酸盐水泥、普通硅酸盐水泥、矿渣硅酸盐水泥、火山灰质硅酸盐水泥、粉煤灰硅酸盐水泥等。在工业生产中一般分成水泥生料和水泥熟料两种，水泥熟料是水泥生料经 1 400 ℃以上高温煅烧而成。通常水泥熟料、未加混合材料的硅酸盐水泥、碱性矿渣水泥可采用酸分解法（碱性物质含量高），直接用 HCl 溶液溶解，HNO_3 氧化，制备成试液。而不溶物含量较高的水泥熟料、酸性矿渣水泥、火山灰质水泥等不能用酸直接分解，采用碱熔法或 Na_2CO_3 和试样混合，在高温炉中用烧结法分解，使其转变成可溶性硅酸盐，再用酸溶解方可制备成试液进行多组分的测定，其分析方案如下。

水泥系统分析方案表解

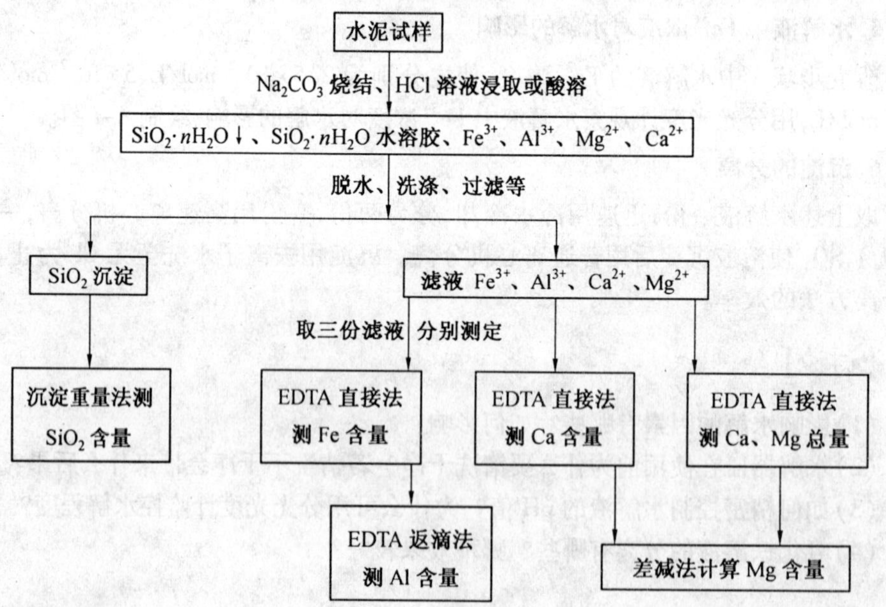

1. SiO_2 的测定

本实验采用质量法。水泥试样经分解、溶解后生成硅酸，在水溶液中大部分以溶胶状态存在（化学式为 $SiO_2\cdot nH_2O$），此时可用氯化铵脱水。在含硅酸盐的浓 HCl 溶液中加

入足量固体 NH_4Cl,由于 NH_4Cl 的水解,夺取硅胶中的水分生成 $NH_3 \cdot H_2O$。$NH_3 \cdot H_2O$ 和 HCl 在加热的情况下易挥发逸出,消耗水而促进硅酸水溶胶的脱水,另一方面 NH_4Cl 是强电解质,带有正电荷的 NH_4^+ 中和硅胶的负电荷,加速硅胶凝聚产生沉淀,再经过滤、洗涤、烘干、灼烧(950~1 000 ℃高温)生成固体成分 SiO_2,称重,计算 SiO_2 的含量。同时,利用沉淀分离方法把硅酸与水泥中的铁、铝、钙、镁等其他组分分开进入滤液中进行以下分析。

滤液中的 Fe^{3+}、Al^{3+}、Ca^{2+}、Mg^{2+} 等离子都能与 EDTA 等离子形成稳定的配位离子,可利用这些粒子的稳定性差异控制溶液的酸度以 EDTA 分别滴定。

2. Fe_2O_3、Al_2O_3 的测定

称取一份滤液,调节 pH 值为 1.8~2.2($pH=1.5$ 使测定结果偏低;$pH>3$ 则 Fe^{3+} 形成氢氧化物沉淀,且共存离子影响显著),选择磺基水杨酸为指示剂,在 60~70 ℃下(不能高于 75 ℃,否则 Al^{3+} 与 EDTA 配合),用 EDTA 标准溶液直接滴定至溶液由紫红色(Fe^{3+}-磺基水杨酸配合物色)变为淡黄色(磺基水杨酸色),即为终点,记下 EDTA 标准溶液用量,计算 Fe_2O_3 的含量。

在滴定 Fe^{3+} 后的溶液中加入过量的 EDTA 标准溶液,并加热煮沸使之与 Al^{3+} 充分配合,调节 $pH\approx4$,溶液呈黄色,以 PAN 为指示剂,趁热用 $CuSO_4$ 标准溶液返滴定剩余的 EDTA。随着 $CuSO_4$ 标准溶液的加入,Cu^{2+} 离子不断与过量的 EDTA 配合,其 Cu-EDTA 是淡蓝色,溶液由黄色变为绿色。当过量的 EDTA 与 Cu^{2+} 完全配合后,继续加入 $CuSO_4$,过量的 $CuSO_4$ 即与 PAN 配合成深红色配合物,所以终点时溶液由绿色变为亮紫色。根据 $CuSO_4$ 溶液的用量可以算出与 Al^{3+} 配位的 EDTA 标准溶液用量,进而计算出的 Al_2O_3 含量。水泥试样中可能含有少量的 Ti^{4+},在此条件下 Ti^{4+} 也与 EDTA 定量配位,则测定结果为 Al^{3+} 和 Ti^{4+} 的总量。可用苦杏仁酸置换铜盐滴定法或二安替比林甲烷分光光度法测定 TiO_2 含量,用所测 $Al_2O_3+TiO_2$ 的总含量减去 TiO_2 的含量即为 Al_2O_3 含量。

3. CaO、MgO 的测定

分别吸取两份等量滤液,一份在酸性条件下以三乙醇胺掩蔽 Fe^{3+} 和 Al^{3+},再以 NaOH 溶液调节 $pH\approx12.5$,使 Mg^{2+} 形成 $Mg(OH)_2$ 沉淀,选甲基百里酚蓝(或钙指示剂、K-B 指示剂),用 EDTA 标准溶液滴定至溶液由纯蓝色变为无色或浅灰色(其他指示剂颜色变化不一)即为终点。计算 CaO 的含量。另一份滤液以三乙醇胺和酒石酸钾钠掩蔽 Fe^{3+}、Al^{3+} 及其他重金属离子,且以 NH_3-NH_4Cl 缓冲溶液调节 $pH\approx10$,选酸性铬蓝 K-萘酚绿 B(K-B)指示剂,用 EDTA 标准溶液滴定至溶液由紫红色变为纯蓝色,即为终点。所消耗的 EDTA 量为 Ca、Mg 所用总量,可得 Ca、Mg 合量,再由差减法计算出 MgO 的含量。

【仪器与试剂】

1. 仪器

酸式滴定管;锥形瓶;烧杯;玻璃棒;表面皿;电炉;漏斗;滤纸;瓷坩埚;马弗炉;分析天平。

2. 试剂

(1)Na_2CO_3 固体;NH_4Cl 固体;HCl 溶液(1+1);HNO_3 溶液(1.4 g/ mL);$NH_3 \cdot H_2O$

(1+1);NaOH 溶液(20%);三乙醇胺溶液(1+2);酒石酸钠钾溶液(10%);0.02 mol/L EDTA 标准溶液。

(2)0.02 mol/L$CuSO_4$ 标准溶液(称取 5.0 g $CuSO_4 \cdot 5H_2O$ 溶于水中,加浓 H_2SO_4 3~5 滴,酸化后转入容量瓶中,用水稀释至 1 L,摇匀)。

(3)pH=4.3 的 HAc-NaAc 缓冲溶液(称取 64 g NaAc·$3H_2O$ 溶于水中,加入冰醋酸 48 mL,转入试剂瓶中,用水稀释至 1 L,摇匀)。

(4)pH=10 的 NH_3 - NH_4Cl 缓冲溶液(称取 54 g NH_4Cl 溶于水中,加入浓氨水 410 mL,用水稀释至 1 L,摇匀)。

(5)指示剂:磺基水杨酸钠(10%);PAN 为指示剂;0.2% 乙醇溶液;甲基百里酚蓝(1+100,称取 1 g 甲基百里酚蓝与 100 g KNO_3 置于研钵中,混合研细,贮于磨口试剂瓶中,干燥存放)。

(6)酸性铬蓝 K-萘酚绿 B 指示剂(1+2+70,称取 1 g 酸性铬蓝 K,2 g 萘酚绿 B,70 g KNO_3 置于研钵中,混合研细,贮于磨口试剂瓶中,干燥存放)。

【实验步骤】

1. 样品的分解及 $SiO_2 \cdot nH_2O$ 的脱水凝聚

(1)烧结法分解水泥生料或酸不溶性试样

准确称取 0.5 g 此类试样,置于铂坩埚中,半盖坩埚盖,加入高温炉中,在(950~1 000)℃下预烧 5~10 min。取出冷却后用平头玻璃压碎块状物,加入 0.5 g 研细的无水 Na_2CO_3,充分混匀,盖上坩埚盖,再放入高温炉中,仍于(950~1 000)℃下,灼烧5~7 min,取出冷却。将烧结块倒入 150 mL 带柄蒸发皿中,加数滴水润湿(以防产生的气体将轻细的试样扬出),盖上表面皿,沿皿口缓缓滴加浓 HCl 溶液 5 mL,待反应平缓后,取下表面皿再滴加浓 HNO_3 溶液 2~3 滴(目的是将 Fe^{2+} 氧化为 Fe^{3+}),用平头玻璃压碎块状物,使试样充分溶解。然后用 HCl 溶液(1+1)洗涤坩埚、坩埚盖数次,洗涤液一并倒入蒸发皿中。

将盛有试液的蒸发皿上放一玻璃三角架,盖上表面皿,置于沸水浴上蒸发至糖糊状,取出蒸发皿加入 1 g NH_4Cl 固体,拌匀,继续置于沸水浴上蒸发至近干(约需 10~15 min),使硅酸呈水凝胶析出。

(2)酸溶法分解水泥试样或酸溶性试样

准确称取 0.500 0 g 试样,直接置于 150 mL 带柄瓷蒸发皿中,加 1 g NH_4Cl 固体,用平头玻璃棒混合均匀,盖上表面皿,沿皿口缓缓滴加浓 HCl 溶液 3 mL 和浓 HNO_3 溶液 2~3 滴,待反应平缓后,取下表面皿,搅拌均匀,使试样充分分解。然后在蒸发皿上放一玻璃三角架,盖上表面皿,置于沸水浴上蒸发至近干,同样使硅酸呈水凝胶析出。

2. SiO_2 的测定

取下蒸发皿,稍冷,加 10 mL 热的稀 HCl 溶液(3+97)(以热的稀 HCl 溶解残渣是为了防止 Fe^{3+} 离子和 Al^{3+} 离子水解成氢氧化物沉淀而混在硅酸中以及防止硅酸胶溶),搅拌使可溶性盐类充分溶解,以中速定量滤纸过滤,用热的稀 HCl 溶液(3+97)清洗玻璃棒及蒸发皿,同时洗涤沉淀 10~12 次,至洗涤液中不含 Fe^{3+} 离子为止。Fe^{3+} 离子可用 NH_4SCN

溶液检验(Fe^{3+}离子与NH_4SCN反应生成血红色物质),一般洗涤10次即可达到不含Fe^{3+}离子的要求,洗涤液和滤液收集于250 mL容量瓶中,并用水稀释至刻度,摇匀,供以下测定Fe^{3+}、Al^{3+}、Ca^{2+}、Mg^{2+}等离子用。

将沉淀和滤纸移至已恒重的瓷坩埚中,先放在电炉上干燥后再升高温度使滤纸炭化、灰化,然后在900~1 000 ℃高温炉内灼烧30 min,取出,稍冷后置于干燥器中冷却至室温,称重。再灼烧,直至恒重。根据沉淀质量法计算公式计算试样中SiO_2的含量。

3. Fe_2O_3 和 Al_2O_3 的测定

准确吸取分离SiO_2后的滤液50.00 mL置于500 mL锥形瓶中,用水稀释至约200 mL。加一滴磺酸基水杨酸钠指示剂,边摇边滴加$NH_3 \cdot H_2O$(1+1)至溶液出现桔红色,然后滴加HCl溶液(1+1),调节溶液酸度至溶液刚好变为紫红色,再过量7~8滴(此时溶液pH为1.8~2.0),将试样加热到70 ℃(开始感到烫手)取下(要防止剧烈沸腾,否则Fe^{3+}也会水解形成氢氧化铁沉淀,导致实验失败),加9滴10%磺基水杨酸钠指示剂,用EDTA标准溶液直接滴定至溶液呈淡紫色时,放慢滴定速度,每加一滴充分摇匀后再加下一滴且保持温度不低于60 ℃(Fe^{3+}离子与EDTA的配合反应进行缓慢,最好加热以加快反应。滴定速度快,可以保持温度,但不利于配合完全,且易过量而使Fe^{3+}离子结果偏高,而Al^{3+}离子结果偏低。滴定速度慢,溶液温度又降得低,故要从两方面考虑)。滴定速度先快后慢并加热,直至溶液变为淡黄色即为终点,平行测定两份,根据EDTA标准溶液用量计算Fe_2O_3的含量。

在滴定Fe^{3+}后的溶液中,准确加入20.00 mL EDTA标准溶液,摇匀,加热至(60~70) ℃,加15 mL pH=4.3的HAc-NaAc缓冲溶液(Al^{3+}离子在pH=4.3的溶液中会产生沉淀,因此必须先加EDTA标准溶液,然后再加HAc-NaAc缓冲溶液,并加热,这样使在溶液的pH值达到4.3之前,部分Al^{3+}离子已与EDTA,从而降低Al^{3+}的浓度,以免Al^{3+}离子水解而形成沉淀),煮沸1~2 min,取下冷却至90 ℃左右,加5~6滴PAN指示剂,以0.02 mol/L $CuSO_4$标准溶液返滴定至溶液呈亮紫色(绿色→蓝绿色→灰绿色→亮紫色)即为终点。

另取10.00 mL EDTA标准溶液置于另一500 mL锥形瓶中,加水约200 mL,再加15 mL HAc-NaAc缓冲溶液,加热至沸,取下稍冷,加PAN指示剂5~6滴,用$CuSO_4$标准溶液滴定至溶液呈亮紫色,即为终点,平行测定三份,计算V_{EDTA}/V_{CuSO_4}的比值。

根据EDTA的加入量,滴定所消耗的$CuSO_4$标准溶液量及上述比值,计算与Al^{3+}配位的EDTA溶液的量,再计算Al_2O_3的含量。

4. CaO 和 MgO 的测定

准确吸取分离SiO_2后的滤液25.00 mL置于500 mL锥形瓶中,用水稀释至约200 mL,加5 mL三乙醇胺溶液,摇匀后加适量甲基百里酚蓝指示剂,并滴加NaOH溶液至出现稳定的蓝色,过量3 mL(此时溶液的pH≥12.5),用EDTA标准溶液滴定至溶液由纯蓝色变为无色或浅灰色即为终点。平行测定三份,根据EDTA的用量计算CaO的含量。

准确吸取滤液25.00 mL置于500 mL锥形瓶中,用水稀释至约200 mL,加1 mL酒石酸钠钾溶液,摇匀后加入5 mL三乙醇胺溶液,再加入NH_3-NH_4Cl缓冲溶液及适量的酸性铬蓝K-萘酚绿B指示剂或铬黑T,摇匀,用EDTA标准溶液滴定至溶液由紫红色变为纯蓝色即为终点。平行测定三份，根据 EDTA 的用量计算所得 Ca、Mg 合量，由差减法计算 MgO 的含量。

【讨论】

(1)用 HCl 溶液分解试样时，为什么要加入浓 HNO_3？

(2)试样分解后加热蒸发的目的是什么？操作中应注意些什么？

(3)洗涤沉淀的操作中，如何提高洗涤效果？应注意哪些问题？

(4)在 Fe^{3+}、Al^{3+}、Ca^{2+}、Mg^{2+}等离子共存的溶液中以 EDTA 溶液滴定各离子时，如何消除共存离子的干扰？如何分别控制溶液的酸度？

(5)如果 Fe^{3+}的测定结果不准确，对 Al^{3+}的测定结果有什么影响？

(6)在 Ca^{2+}的测定中为什么要先加三乙醇胺而后再加 NaOH 溶液？

(7)本实验中，测定的误差来源主要有哪些？

实验26　三聚氰胺树脂的制备

【实验目的】

1. 学习三聚氰胺树脂的制备方法。
2. 进一步学习聚合、醚化、分水、脱水等操作。
3. 了解低醚化度的三聚氰胺树脂的简单试验方法。

【实验原理】

三聚氰胺甲醛树脂简称三聚氰胺树脂、蜜胺甲醛树脂、蜜胺树脂,英文缩写MF。加工成型时发生交联反应,制品为不溶、不熔的热固性树脂。习惯上常把它与脲醛树脂统称为氨基树脂。固化后的三聚氰胺甲醛树脂无色透明,在沸水中稳定,甚至可以在150 ℃使用,且具有自熄性、抗电弧性和良好的力学性能。

三聚氰胺-甲醛树脂具有阻燃、耐水、耐热、耐老化、耐电弧、耐化学腐蚀的性能,有良好的绝缘性能、光泽度和机械强度,广泛用于木材、塑料、涂料、造纸、纺织、皮革、电气、医药等行业。

三聚氰胺具有6个活性氢原子,可以在酸或碱的催化下和1~6 mol的甲醛反应,生成相应的羟甲基三聚氰胺。1 mol三聚氰胺和3 mol甲醛反应,生成三羟甲基三聚氰胺,反应进行的迅速且容易,反应过程中放热且反应是不可逆的,超过三个羟甲基就必须在过量的甲醛的存在下,且反应是可逆的,属于吸热反应。甲醛过量越多,反应产物含羟甲基的数量也越多。多羟甲基三聚氰胺本身可以进一步缩聚成大分子。涂料用三聚氰胺树脂是多羟甲基三聚氰胺和醇类在酸性催化剂存在下,发生醚化反应以便改性,使之能溶于有机溶剂或与醇酸树脂及其他多种树脂相混溶。

【仪器与试剂】

1. 仪器

四口烧瓶(250 mL);电动搅器;回流装置;pH试纸。

2. 试剂

三聚氰胺(工业品);甲醛(工业品,37%);丁醇(工业品);碳酸镁(化学纯);邻苯二甲酸酐(工业品);二甲苯(工业品);苯(化学纯);200号溶剂油。

【实验步骤】

1. 试液配制

(1)先将甲醛70 g、丁醇55 g、二甲苯7 g加入四口烧瓶中,在搅拌下加入0.055 g碳酸镁,溶解均匀后,缓缓加入三聚氰胺17.3 g,搅拌均匀后,即加热升温,当温度升至80 ℃时,取样观察,此时树脂溶液应清澈透明,pH值在6.5~7,继续升温到90~92 ℃,开始回流2.5 h。

(2)将上述溶液冷却至 80 ℃,加入邻苯二甲酸酐 0.06 g,待邻苯二甲酸酐全部溶解后,取样测 pH 值应在 4.4 ~ 4.5。再升温到 90 ~ 92 ℃,回流 1.5 h,关闭搅拌器,停止加热,静置 1 ~ 2 h,分出约 36 g 的废水。

2. 制备

(1)开动搅拌器,并加热升温回流,丁醇脱水,随着水量的减少,温度上升,当升至 105 ℃时,可脱除约 18 g 的水。此时,可测定产品树脂和纯苯的混溶性。

(2)取 1 份树脂与 4 份苯混合,呈透明状为合格。

(3)制备低醚化树脂,可进一步蒸馏出过量的丁醚(约 2 g),然后再取 1 份树脂与 4 份 200 号溶剂油混合,呈透明状为合格。若不透明,可继续回流反应,直至达到要求后,再将黏度调整到一定值,冷却,过滤,包装备用。

【讨论】

(1)使用甲醛、二甲苯、苯等物质应注意什么?

(2)三聚氰胺树脂有什么特性?

实验 27　强碱型阴离子交换树脂的制备及性能测定

【实验目的】

1. 通过苯乙烯和二乙烯苯的共聚物进行氯甲基化反应，进而进行胺化反应，学习制备高分子材料的方法。

2. 学习基准型树脂的制备、含水量的测定及交换容量等参数的测定方法。

3. 学习离子交换树脂粒度分布的测定方法。

【实验原理】

用苯乙烯与二乙烯苯的共聚小球，利用苯环的性质，以 $ZnCl_2$ 为催化剂进行 Fredel-Crafts 反应，得到主要在苯环对位上氯甲基化的共聚物。然后利用氯甲基上的活泼氯与胺进行胺基化反应，就可以得到碱度不同的各种阴离子交换树脂。如果胺化后得到的是伯、仲、叔胺树脂，称为弱碱型阴离子交换树脂，如果胺化后得到的是季胺树脂，则称为强碱型阴离子交换树脂。强碱型阴离子交换树脂有两种类型，用三甲胺进行胺化得到的是Ⅰ型强碱性阴离子交换树脂，它在应用上由于碱性过强，对 OH^- 离子的亲合力小，用 NaOH 再生时效率低。用二甲基乙醇胺进行胺化，得到的是Ⅱ型强碱性阴离子交换树脂，Ⅱ型强碱树脂比Ⅰ型强碱树脂碱性降低，但再生效率提高。

本实验用三甲胺进行胺化，得到Ⅰ型强碱性阴离子交换树脂，并进行基准型树脂的制备、交换容量、粒度分布、硬度等参数的测定和应用实验。

【仪器与试剂】

1. 仪器

三口瓶；电动搅拌器；烧杯；标准筛；回流冷凝管；交换柱；玻璃砂芯漏斗；滴定管；移液管；称量瓶；试验筛。

2. 试剂

苯乙烯；二乙烯苯；溶剂汽油；过氧化苯甲酰（BPO）；明胶；氯甲基甲醚；$ZnCl_2$；三甲胺盐酸盐；NaOH（20%）；1 mol/L 无水硫酸钠溶液。

【实验步骤】

1. 树脂的制备

（1）苯乙烯-二乙烯苯（St-DVB）共聚小球的制备

在 500 mL 三口瓶中加入 170 mL 蒸馏水，0.9 g 明胶，数滴 0.1% 次甲基蓝水溶液，调整搅拌片的位置，使搅拌片上沿与液面平。开动搅拌器并缓慢加热，升温至 40 ℃，在小烧杯中依次加入 30 g 的苯乙烯，5 g 的二乙烯苯，35 g 200#溶剂汽油，0.35 g BPO，待明胶溶液均匀后，停止搅拌，将单体的混合溶液倒入反应瓶中，开动搅拌器调整油珠大小。待油珠大小合格后，按每 10 min 升温 50 ℃的速度升温到 78～80 ℃。在此温度使珠粒定型，定型后保温2 h。升温到90 ℃保持1 h,用油浴升温到100 ℃煮球3 h。抽出母液,用热蒸馏水洗4~5次。洗净明胶后进行水蒸气蒸馏(如图3.1),蒸出溶剂汽油一直到馏出物无油珠为止,将树脂倒入尼龙袋内滤掉水份,凉干。筛取直径为0.3~0.6 mm(30~50目)的小球。小球外观为乳白不透明状[1],称为白球。

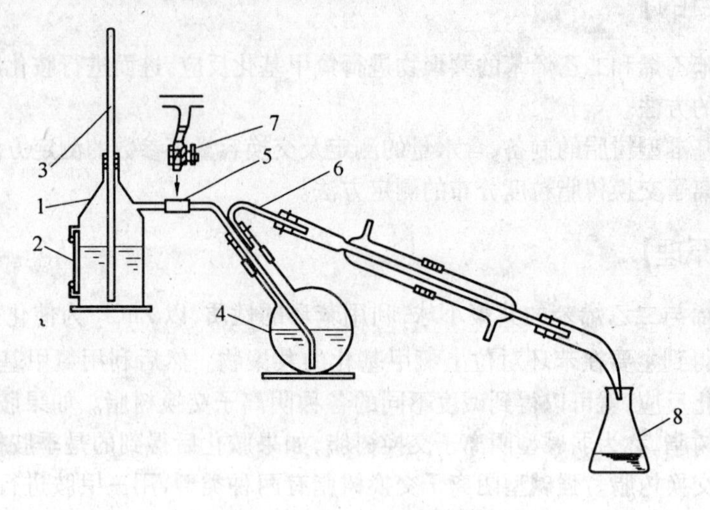

图3.1　水蒸气蒸馏装置

1—水蒸气发生器;2—液位计;3—安全管;4—长颈烧瓶;5—蒸汽导入管;6—蒸汽导出管;7—弹簧夹;8—接受瓶

(2)氯甲基化

在装有搅拌器、回流冷凝管、温度计的250 mL三口瓶内,加入自制白球20 g、氯甲醚80 mL,在20~25 ℃下浸泡2 h[2]。开动搅拌器于30 ℃时加入6 g $ZnCl_2$,过0.5 h后再加入6 g $ZnCl_2$。加完$ZnCl_2$后,升温到38 ℃,反应10 h,氯含量可达到近15%左右。停止反应,将母液吸掉[3],用酒精洗4~5次[4],凉干,得氯甲基化共聚物——氯球,称重,检查树脂质量发生了什么变化。

(3)胺化

在装有搅拌器、回流冷凝管、滴液漏斗、温度计的250 mL四口瓶内,加入氯球20 g、三甲胺盐酸盐[5]18 g,滴加8 g二氯乙烷,控制温度在30 ℃。缓慢滴加20% NaOH溶液,用3 h加入50 g,反应1 h后再于1 h内加入25 g,使pH在12以上。加完碱后于30 ℃再反应1 h,用大量水洗,用水泵吸去大部分水溶液,在还能搅拌的情况下,用5%盐酸调pH值在2~3,保持1 h,转型[6],用水洗至中性,即得到强碱型阴离子交换树脂。

2. 交换容量的测定

(1)基准型试样的制备

称取约15 g树脂置于交换柱中,用300 mL 1 mol/L的盐酸溶液,以10~15 mL/min的流量通过树脂层,然后用蒸馏水洗至用0.1 mol/L $AgNO_3$溶液检查流出液无氯离子时为止。将树脂转入玻璃砂芯漏斗,用水泵抽干(无水滴后5 min为止),立即倒入干燥、洁净的密闭容器中,待测含水量、交换容量。

(2)含水量的测定

用已恒重的扁型称量瓶称取基准型试样 1 g 左右(准确至 1 mg),敞盖放入 105±2 ℃的烘箱中烘 2 h 后取出,放入干燥器中冷却至室温,取出称重。含水量按下式计算

$$w_{H_2O}=\frac{m_1-m_2}{m_1}\times 100\%$$

式中 w_{H_2O}——含水量,%;

m_1——试样质量,g;

m_2——失水后试样质量,g。

(3)交换容量的测定

称取基准型试样两份,每份 1 g 左右(准确至 1 mg),将树脂全部转移到交换柱中,使水面超过树脂层,去除树脂层中的空气泡,然后在交换柱中加入 70 mL 1 mol/L 的 Na_2SO_4 溶液,控制流速以 1 ~2 mL/min 通过树脂层,流出液用 250 mL 锥型瓶接收,加 5% 铬酸钾指示剂 1 mL,用 0.1 mol/L $AgNO_3$ 标准溶液滴定至砖红色 15 s 不褪色为终点,记录消耗 $AgNO_3$ 标准溶液的 mL 数。交换容量按下式计算

$$Q=\frac{M_0V}{m_3(1-w_{H_2O})}$$

式中 Q——交换容量,mol/g,氯型干树脂;

M——$AgNO_3$ 标准溶液的浓度, mol/L;

V——耗用 $AgNO_3$ 标准溶液的体积数, mL;

m_3——试样质量,g;

w_{H_2O}——含水量,%。

3. 粒度分布的测定

用 100 mL 量筒量取 100 mL 树脂,用去离子水将量筒中的树脂全部转移到装有去离子水的脸盆内的试验筛上(筛分时所用的筛子,按目数大小从大到小进行筛分),上下左右移动试验筛。用量筒量取脸盆中通过试验筛的树脂的体积,并记录。在脸盆中换一孔径稍小试验筛,将量筒中的树脂倒入其中,重复上述步骤,并记录。

4. 去离子水制备

(1)树脂处理

取 717#强碱性阴离子交换树脂 28 g,放入烧杯中,用 80 mL、2 mol/L NaOH 溶液浸泡一天。倾去碱液,再用 40 mL、2 mol/L NaOH 浸泡并搅拌约 3 min,待树脂沉降后倾去碱液。加蒸馏水搅动、洗涤,待树脂沉降后,倾去上层溶液,将水尽量倒净,重复洗涤至水接近中性(用 pH 试纸检验)。

另取约 15 g 732#强酸型离子交换树脂于烧杯中,用 40 mL、2 mol/L HCl 浸泡一天,倾去溶液,再用 20 mL、2 mol/L HCl 浸泡并搅动约 3 min,倾去酸液后,用蒸馏水洗涤树脂,每次大约用 40 mL,洗至接近中性(用 pH 试纸检验)。

最后,把处理好的阳、阴离子树脂混合,搅匀。

(2)装柱

如图 3.2 所示,在一支约 30 cm,直径 1 cm 的交换柱内,下部放一团玻璃纤维,下端通

过橡皮管与一尖嘴玻璃管相连接，橡皮管用螺旋夹夹住，将交换柱固定在铁架台上。在柱中充入蒸馏水至1/3高度，排出管内底部的玻璃纤维中和尖嘴中的空气，然后将已处理并混和好的树脂和水搅匀，从上端逐渐倾入柱中，树脂沿水下沉，同时用手指轻敲交换柱，这样不至带入气泡，并可使树脂沉聚均匀。若水过满，可打开螺旋夹放水。当上部残留的水达1 cm时，在顶部也装入一小团玻璃纤维，防止注入溶液时将树脂冲起。在整个操作过程中，树脂要一直保持被水复盖。如果树脂床中进入了空气，会产生缝隙使交换效率降低，若出现这种情况，就得重新装柱，或用蒸馏水从下端通入交换柱进行逆流冲洗，赶走气泡。

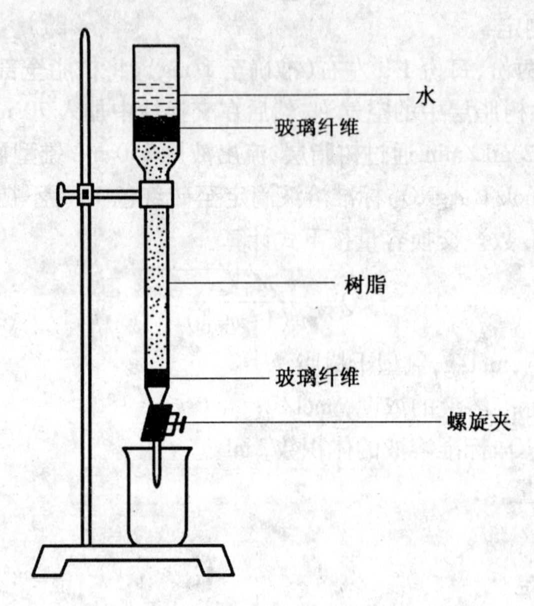

图3.2　去离子水制备示意图

(3)去离子水的制备

将自来水慢慢注入交换柱中，同时打开螺旋夹，使水成滴滴出，等流过约150 mL以后，截取流出液作水质检验，直至检验合格为止。

(4)水质检验

分别取15 mL的交换水和天然水，先后各注入0.5 mL NH_3-NH_4Cl缓冲溶液及一滴铬黑T指示剂，观察现象。经处理过的水呈蓝色，表示基本上不含Ca^{2+}、Mg^{2+}。

分别取5 mL的交换水和天然水，各滴入一滴0.1 mol/L $AgNO_3$溶液，观察现象。交换水应不出现白色沉淀。

分别取15 mL交换水和天然水，各滴一滴0.1%甲基红指示剂；再各取15 mL的交换水和天然水，各滴一滴0.1%酚酞指示剂。观察现象并确定其大致的pH值。接近中性，即为合格。

水中杂质离子越少，水的电导就越小，用电导率可间接表示水的纯度。习惯上用电阻率(即电导率的倒数)表示水的纯度。理想纯水有极小的电导率，其电阻率在25 ℃时为18×10^6 Ω·cm。普通化学实验用水电阻率在1×10^5 Ω·cm，若交换水的测定值达到这个数值，计为合乎要求。

【注释】

[1] 由于加了致孔剂,小球内部存有孔道,所以外观为乳白色不透明状。

[2] 最好在头天晚上把料加好,浸泡过夜,这样可以节约时间。氯甲醚有剧毒,实验一定要在通风橱内进行。

[3] 母液仍有剧毒,用水泵直接抽至下水槽口并用水冲。

[4] 如果直接进行下步反应,可不必凉干。

[5] 三甲胺盐酸盐含量为70%左右。

[6] 强碱型离子交换树脂,出厂型为钠型。

【讨论】

(1)氯甲基化反应结束后,用乙醇或甲醇洗树脂时,虽没有加热,但反应瓶内发生沸腾现象。试解释其原因?

(2)为什么在胺化时,反应体系内要加入一些甲醇或二氯乙烷?

实验28　聚丙烯酸钠的合成及质量分析

【实验目的】

1. 了解溶液聚合反应机理;了解用端基滴定法测定聚丙烯酸的相对分子质量。

2. 掌握低相对分子质量聚丙烯酸钠的合成并学会分析产品中的游离单体。

3. 掌握正交试验法模拟科研实验——最佳合成条件的确定。

【实验原理】

水质稳定剂是一类投加到工业用水中用以防止系统腐蚀、结垢、污泥生成和微生物繁殖的药剂总称,它包括缓蚀剂、阻垢分散剂、杀虫剂、污泥控制剂等,其中阻垢分散剂是最重要的一种水处理剂。20世纪发展起来的丙烯酸类阻垢分散剂,具有高效、低毒的性能,取代了对环境造成污染的品种,应用前景广阔。

聚丙烯酸简称PPA,其相对分子质量的大小对阻垢效果有极大影响。从各项试验表明,相对分子质量较高的聚丙烯酸(在几万或几十万以上)没有阻垢作用,多用于皮革工业、造纸工业等方面,而相对分子质量较低(在一万以下)的聚丙烯酸(或钠盐)阻垢作用显著。低相对分子质量聚丙烯酸是无色透明的固体,它的20%～30%水溶液是淡黄色或无色黏稠状液体,相对分子质量为500～5 000,pH值为2～4。它是一种螯合剂,能与水中的金属离子如钙、镁等形成稳定的配合物,又有着良好的分散性能,可分散水中的结晶状化合物、泥土、粉尘、腐蚀性物质和生物碎屑等无定型颗粒。所以聚丙烯酸是性能优异的阻垢分散剂,适用于循环冷却水、锅炉水和油田注水的处理。

1. 合成原理

丙烯酸单体极易聚合,可以通过本体、溶液、乳液和悬浮等聚合方法得到聚丙烯酸。它符合一般游离基聚合反应规律,即通过链引发、链增长、链终止、链转移等聚合反应机理。本实验采用溶液聚合方法,即丙烯酸单体在过硫酸铵水溶液引发下,逐步发生加成聚合反应,并应用异丙醇作为调聚剂,使得链增长过程中伴随链转移时,聚合链向异丙醇分子转移,从而形成低相对分子质量的聚丙烯酸

$$n\mathrm{CH_2{=}\underset{\underset{\displaystyle COOH}{|}}{CH}} \xrightarrow{\text{引发剂}} \mathrm{-\!\!\left[CH_2-\underset{\underset{\displaystyle COOH}{|}}{CH}\right]_{\!n}\!\!-}$$

2. 产品中游离单体的分析原理

在酸性条件下,试样中游离单体的双键与溴起加成反应。过量的溴与碘化钾作用析出碘。以淀粉作指示剂,用硫代硫酸钠标准溶液在弱酸性条件下滴定析出的碘。

本实验合成的产物为低相对分子质量的聚丙烯酸溶液,其质量如何,可根据国家标准GB/T 1053—2000来检验。

通过测定产物中游离单体聚丙烯酸的含量来计算合成的转化率。

【仪器与试剂】

1. 仪器

电动搅拌器;恒温水浴锅;分析天平;滴定装置;250 mL 三口瓶;滴液漏斗;回流冷凝管;250 mL 碘量瓶;20 mL 移液管。

2. 试剂

丙烯酸;过硫酸铵;异丙醇;碘化钾;淀粉;盐酸;硫代硫酸钠;溴化碘;溴酸钾。

【实验步骤】

1. 聚丙烯酸的合成

为了优先最佳合成条件,固定原料丙烯酸的用量,以丙烯酸的转化率为考察指标,引发剂过硫酸铵的用量 A、反应的温度 B、反应时间 C、异丙醇用量 D 为考察因素,见表 3.1,按照 $L_9(3^4)$ 正交试验表进行正交实验。

表 3.1 因素水平表

因素水平	A 100 g/L 过硫酸铵溶液/mL	B 回流温度/℃	C 回流时间/min	D 异丙醇用量/mL
1	1	75	30	2
2	3	85	45	3
3	5	95	60	4

在带有回流冷凝管、搅拌器和两个滴液漏斗的 250 mL 已称重的三口瓶[1](m_1)中加入 60 mL 蒸馏水。A mL 100 g/L 过硫酸铵溶液,摇匀。加入 2.5 mL 丙烯酸[2]单体和 D mL异丙醇。开动搅拌器,用水浴加热使溶液保持在 65 ~ 70 ℃。在此温度下分别由两个分液漏斗往三口瓶中滴入 20 mL 丙烯酸单体和 A mL100 g/L 过硫酸铵溶液,约 20 min 滴完后,在 B ℃继续回流 C min。冷却,称重(m_2),产品[3]质量 $W = m_2 - m_1$。

2. 产品中游离单体的测定

称取约 1 g 试样,精确至 0.000 1 g,置于预先加入 10 mL 水的 500 mL 碘量瓶中,加入 20.00 mL 溴溶液[4],5 mL 盐酸溶液,摇匀,于暗处放置 30 min。取出,加入 15 mL 碘化钾溶液,摇匀。于暗处放置 1 min,取出,加入 150 mL 水,立即用硫代硫酸钠标准滴定溶液滴定至淡黄色,加入(1 ~ 2) mL 淀粉指示剂,继续滴定至蓝色消失即为终点。同时进行空白试验。

游离单体(以 $CH_2=CH—COOH$ 计)含量 X 按式(1)计算

$$X = \frac{(V_0 - V_1)c \times 0.036\ 03}{m} \times 100\%$$

式中 V_0——空白试验消耗硫代硫酸钠标准滴定溶液的体积, mL;

V_1——滴定试验消耗硫代硫酸钠标准滴定溶液的体积, mL;

c——硫代硫酸钠标准滴定溶液的量的浓度, mol/L;

m——试样质量,g;

0.036 03——与 1.00 mL 硫代硫酸钠标准滴定溶液[$c(Na_2S_2O_3)=1.000$ mol/L]相当的以克表示的丙烯酸的质量。

3. 转化率的计算

丙烯酸的转化率 η 的计算公式

$$\eta = 100 - \frac{WX}{V \cdot \rho \times 98\%} \times 100\%$$

式中 X——产品中游离单体丙烯酸的含量;

W——产品质量,g;

V——参加反应的丙烯酸的体积, mL;

ρ——丙烯酸的密度($\rho_{20}^{4}=1.0511$),g/mL;

98%——原料中丙烯酸的含量。

【注释】

[1]为了计算出反应后产品的质量,预先称出反应前后三口瓶的质量。

[2]丙烯酸有腐蚀性,应小心量取,万一溅到手上应用大量水冲洗。

[3]在已制得的聚丙烯酸水溶液中,加入浓度为 300 g/L 的 NaOH 溶液,在搅拌下进行中和,使溶液 pH 值达到 10~12,即制得丙烯酸钠水溶液。

[4]溴溶液:配制 $c(1/2Br_2)=0.1$ mol/L 的溴溶液,称取 3 g 溴酸钾及 25 g 溴化碘,溶于 1 000 mL 水中,摇匀。

【讨论】

(1)什么叫水质稳定剂。低相对分子质量聚丙烯酸为什么具有水质稳定作用?

(2)异丙醇在本实验中起什么作用?

(3)引发剂为什么不一次加入?

(4)21 世纪水处理剂研制的方向是什么?

实验 29　水质稳定剂羟基亚乙基二膦酸的合成

【实验目的】

1. 了解羟基亚乙基二膦酸的性能和用途。

2. 掌握羟基亚乙基二膦酸的合成原理和合成方法。

【实验原理】

1. 主要性质和用途

循环水系统中所遇到的腐蚀、结垢、生物污垢等问题，常采用水处理技术来解决，即针对循环水系统的水质、设备材质、工况条件，选择缓蚀剂、阻垢剂、分散剂、杀生剂正确匹配组成水处理配方，提出工艺控制条件，提供相应的清洗、预膜方案等。其中将缓蚀剂、阻垢剂、分散剂等组成配方，确定适宜的工艺控制条件，进行循环冷却水的基础处理和正常运行处理，是冷却水处理技术的主要内容。

冷却水处理中所用的缓蚀剂、阻垢剂、分散剂、杀生剂等化学品可统称为水质稳定剂。这些化学品的研究开发、生产是循环水处理的基础。

有机多元膦酸是 20 世纪 70 年代后出现的一类新型水处理剂，它的出现使水处理技术向前迈进了一大步。全有机配方主要由膦酸盐（或膦羧酸）和聚羧酸组成。由于配方的膦酸盐和聚羧酸化学稳定性好，因此允许药剂在系统内有很长的停留时间（大于 100 h）。可以在自然平衡 pH 值、高硬度及高浓缩倍率（大于 3）的条件下运行。全有机配方中的膦酸盐既可作为阻垢剂，又可作为缓蚀剂。它与聚羧酸类协同作用和水中 Ca^{2+}、Mg^{2+} 等二价离子配合可提高全有机配方的缓蚀效果。全有机配方对那些硬度较高，循环比大，浓缩倍率高的体系有很大的发展前途。

有机多元膦酸较无机聚磷酸盐有很多优点，如化学性质稳定、不易水解、耐较高温度、用量小，且兼具缓蚀和阻垢性能，是目前使用量较大的水质稳定剂。

羟基亚乙基二膦酸（1-hydrooxyethylidene diphosphonate，HEDP），又名 1，1-二膦酸基乙醇，为白色晶体，熔点 198～199 ℃，在 250 ℃左右分解，易溶于水，可溶于甲醇和乙醇，具有强酸性和腐蚀性，市售品为 55% 的淡黄色黏稠液体，相对密度为 1.45～1.55（20 ℃），pH 值为 2～3。

本品是新型的无氰电镀络合剂，在循环冷却水系统中用作水质稳定剂的主剂，起缓蚀和阻垢作用。在 200 ℃以下具有良好的阻垢作用，耐酸、碱，可在高 pH 值下使用，低毒。

2. 合成原理

由三氯化磷与冰醋酸混合后，加热，蒸馏得到乙酰氯，再与亚磷酸反应制得。

$$PCl_3 + 3CH_3COOH \longrightarrow 3CH_3COCl + H_3PO_3$$

$$PCl_3 + 3H_2O \longrightarrow H_3PO_3 + 3HCl$$

$$CH_3\overset{\overset{\displaystyle O}{\|}}{C}Cl + 2H_3PO_3 \xrightarrow{-H_2O} CH_3-\overset{\displaystyle OH}{\underset{\displaystyle P(O)(OH)_2}{C}}-P(O)(OH)_2 + HCl$$

（羟基亚乙基二膦酸）

【仪器与试剂】

1. 仪器

三口烧瓶（250 mL）；球形冷凝管；滴液漏斗（60 mL）；温度计（0～200 ℃）；氯化氢吸收装置；减压蒸馏装置；锥形瓶（100 mL）；烧杯（250 mL）。

2. 试剂

三氯化磷；冰醋酸；乙醇；氢氧化钠。

【实验步骤】

将 55 g 三氯化磷加入滴液漏斗中，在配有球形冷凝管、电动搅拌器和滴液漏斗的三口烧瓶中加入 25 g 冰醋酸和等量水。搅拌下缓慢滴加三氯化磷，控制反应温度低于 40 ℃。于 1 h 内滴完三氯化磷，室温下继续搅拌反应 15 min。此时物料呈乳浊液。

慢慢升温至 110 ℃，保温回流 2h。冷却至室温后加入 20 mL 乙醇，得一透明溶液。减压蒸出乙醇，再加 20 mL 乙醇，再次减压蒸出乙醇。

将反应物倒入烧杯中，冷却后用 10% 的氢氧化钠溶液调整产物的 pH 值为 3～4，即为成品。

【讨论】

（1）羟基亚乙基二膦酸与无机磷酸盐水质稳定剂相比有哪些优点？

（2）合成羟基亚乙基二膦酸后，为什么要加入乙醇？

实验 30 水处理剂阻垢性能的测试

【实验目的】

1. 了解阻垢性能测定的原理和应用。

2. 掌握碳酸钙沉积法、鼓泡法等测定阻垢性能的技术。

【实验原理】

冷却水中的结垢,通常是由于水中的碳酸氢钙在受热和曝气条件下分解,生成难溶的碳酸钙垢而引起的。其反应式为

$$Ca^{2+} + 2\ HCO_3^{-} \longrightarrow CaCO_3 \downarrow + CO_2 + H_2O$$

往往是通过加水处理剂来阻止结垢的,水处理剂的阻垢机理如下:碳酸钙垢是结晶体,它的成长是按照严格顺序,由带正电荷的 Ca^{2+} 与带负电荷的 CO_3^{2-} 相撞彼此结合,并按一定的方向成长;在水中加入阻垢剂后,它们会吸附到碳酸钙晶体的活性增长点上与 Ca^{2+} 螯合,抑制了晶格向一定方向成长,使晶格扭曲错位,从而起到阻垢作用。

按照 GB/T 16632—2008 标准公布的方法,水处理剂的阻垢性能测试通常有两种方法,碳酸钙沉积法和鼓泡法。

碳酸钙沉积法是以含有一定量碳酸氢根和钙离子的配制水和水处理剂制备成试液,在加热条件下,促使碳酸氢钙加速分解为碳酸钙,达到平衡后测定试液中的钙离子浓度。钙离子浓度越大,则该水处理剂的阻垢性能越好。

鼓泡法是以含有 $Ca(HCO_3)_2$ 的配制水和水处理药剂制备成试液,即模拟冷却水。为了模拟冷却水在换热器中受热和在冷却塔中曝气两个过程,本方法在升高了的温度下,向试液中鼓入一定流量的空气,以带走其中的二氧化碳,使反应式的平衡向右侧移动,促使碳酸氢钙加速分解为碳酸钙,试液迅速达到其自然平衡(要求的 pH 值),然后测定试液中钙离子的稳定浓度。钙离子的稳定浓度越大,则该水处理药剂的阻垢性能越好,如图 3.3 所示。

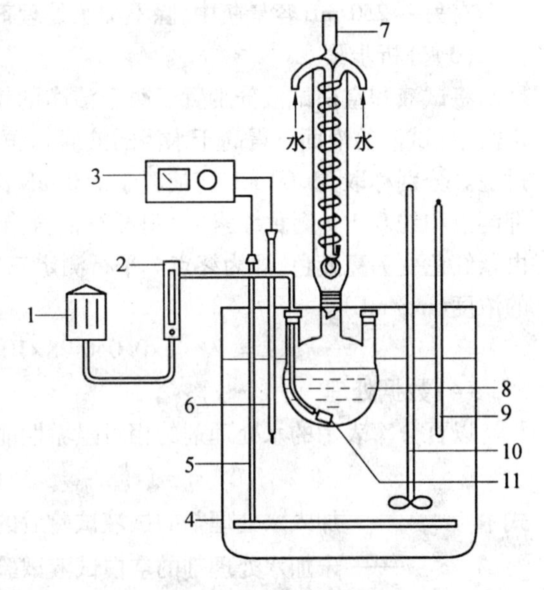

图 3.3 鼓泡法装置图

1—鼓气装置;2—气体转子流量计;3—控温仪;4—恒温水浴;5—电加热器;6—测温探头;7—玻璃冷凝管;8—长颈烧瓶;9—温度计;10—搅拌器,11—鼓泡头

【仪器与试剂】

1. 仪器

恒温水浴;250 mL 锥形瓶。

2. 试剂

200 g/L 氢氧化钾溶液;硼砂缓冲溶液(pH≈9);钙黄绿素-百里酚酞混合指示剂;溴甲酚绿-甲基红指示剂;乙二胺四乙酸二钠(EDTA)标准溶液 0.01 mol/L;0.1 mol/L 盐酸标准溶液;碳酸氢钠标准溶液(含 18.3 mg/mL HCO_3^-);氯化钙标准溶液(含 6.0 mg/mL-Ca^{2+});水处理剂试样溶液(5 000 mg/L)。

【实验步骤】

1. 碳酸钙沉积法

(1)试液的制备

在 250 mL 容量瓶中加入 125 mL 水,用滴定管加入 10 mL 氯化钙标准溶液,使钙离子的量为 60 mg。用移液管加入 2.5 mL 水处理剂试样溶液,摇匀。然后加入 10 mL 硼砂缓冲溶液,摇匀。用滴定管缓慢加入 10 mL 碳酸氢钠标准溶液(边加边摇动),使碳酸氢根离子的量为 183 mg,用水稀释至刻度,摇匀。

(2)空白试液的制备

在另一 250 mL 容量瓶中,除不加水处理剂试样溶液外,按"试液的制备"步骤操作。

(3)分析步骤

将试液和空白试液分别置于两个洁净的锥形瓶中,两锥形瓶浸入(80±1) ℃的恒温水浴中(试液的液面不得高于水浴的液面),恒温放置 5h。冷却至室温后用中速定量滤纸过滤。分别称取 25.00 mL 滤液置于 250 mL 锥形瓶中,加水至约 80 mL,加 5 mL 氢氧化钾溶液和约 0.1 g 钙黄绿素-百里酚酞混合指示剂。用 EDTA 标准滴定溶液滴定至溶液由紫红色变为亮蓝色,即为终点。平行测定三次,按下式分别计算试液和空白试液钙离子的浓度(mg/mL)。

$$c_{Ca^{2+}} = V_1 \cdot c \times 0.040\ 08 \times 10^3 / V = 40.08 \cdot V_1 \cdot c / V$$

(4)数据处理

以百分率表示的水处理剂的相对阻垢性能(η)按下式计算

$$\eta = (c^1_{Ca^{2+}} - c^2_{Ca^{2+}}) / (0.240 - c^2_{Ca^{2+}})$$

式中 $c^1_{Ca^{2+}}$—— 加入水处理剂的试液试验后的钙离子(Ca^{2+})浓度, mg/mL;

$c^2_{Ca^{2+}}$—— 未加水处理剂的空白试液试验后的钙离子(Ca^{2+})浓度, mg/mL;

0.240 ——试验前配制好的试液中钙离子(Ca^{2+})浓度, mg/mL。

2. 鼓泡法

(1)试液制备

用滴定管加入碳酸氢钠溶液 40 mL 于 500 mL 容量瓶中。移入 3.0 mL 水处理剂样品溶液,加 250 mL 水,摇匀。用滴定管缓慢加入氯化钙溶液 40 mL,用水稀释至刻度,摇匀,即制备成 1 L 含有 15.0 mg 水处理药剂、240 mg(6.00 mmol)钙离子(Ca^{2+})和 732 mg (12.0 mmol)碳酸氢根离子(HCO_3^-)的试液。

(2)阻垢性能测定

量取约 450 mL 试液于 500 mL 三颈烧瓶中,将此烧瓶浸入(60±0.2)℃的恒温水浴中,按实验装置安装,同时以 80 L/h 的流量鼓入空气。经 5 h 后,停止鼓入空气,取出三颈烧瓶,放至室温,此溶液即为钙离子稳定浓度溶液。移取 25.00 mL 此溶液于 250 mL 锥形瓶中,加约 80 mL 水。按标定氯化钙溶液的方法,记下所消耗的 EDTA 标准滴定溶液的体积 V_3。

(3)数据处理

水处理剂的阻垢性能以钙离子稳定浓度 $c_{Ca^{2+}}$(mg/L)表示,按下式计算

$$c_{Ca^{2+}} = V_3 \cdot c_{EDTA} \times 40.08 \times 1\,000/25.00 = 1\,603 \times V_3 \cdot c_{EDTA}$$

式中 V_3—— 测定钙离子稳定浓度时所消耗 EDTA 标准滴定溶液的体积, mL;

c_{EDTA}—— EDTA 标准滴定溶液的浓度, mol/L;

25.00 ——移取钙离子稳定浓度溶液的体积, mL;

40.08 ——与 1.00 mL EDTA 标准滴定溶液[c_{EDTA} = 1.000 mol/L]相当的以毫克表示的钙离子的质量。

【讨论】

(1)水垢是如何形成的?

(2)碳酸钙沉积法测阻垢性能的基本原理是什么?

(3)鼓泡法是如何测阻垢性能的?

实验31　水处理剂缓蚀性能的测定

【实验目的】

1. 了解缓蚀剂性能评价的原理和应用。

2. 掌握缓蚀性能评价的方法。

【实验原理】

为了防止工业循环冷却水系统的腐蚀问题，一般要寻找最佳的缓蚀剂或复合缓蚀剂配方，或对合成、生产的药剂进行评价，往往首先要进行实验室试验，以评定在一定条件下药剂的缓蚀性能。常见的缓蚀剂有聚膦酸盐、有机膦酸和锌盐等或复合配方。缓蚀剂的作用机理是缓蚀剂在金属表面形成一层致密的保护膜，该膜有效地抑制了金属的电化学腐蚀的进行。

按照国家标准 GB/T 18175—2000，采用旋转挂片法测定金属试片质量损失法来测定水处理剂的缓蚀性能，即在实验室给定条件下，用试片的质量损失计算出腐蚀率和缓蚀率。挂片法是冷却水系统中经典测定金属腐蚀率的方法，简单、经济、实用。

【仪器与试剂】

1. 仪器

RCC. II 型旋转挂片腐蚀测定仪，如图 3.4；A3 钢（或黄铜、18-8 不锈钢）试片，塑料；镊子；脱脂棉；电吹风；干燥器。

试片的准备：用滤纸把试片上的油脂擦拭干净，然后分别在正已烷和无水乙醇中用脱脂棉擦洗（每 10 片试片用 50 mL 无水乙醇），用滤纸吸干，置干燥器中 4 h 备用。

2. 试剂

测定方法中，除特殊规定外，应使用分析纯试剂和蒸馏水或同等纯度的水。

正已烷；无水乙醇（GB 678）；盐酸（GB 622）溶液（1+3）；氢氧化钠（GB 629）溶液（60 g/L）；二水氯化钙（化学纯）；硫酸镁 $MgSO_4 \cdot 7H_2O$（化学纯）；碳酸氢钠（化学纯）；氯化钠（化学纯）。

酸洗溶液：1 000 mL 盐酸溶液中，加入 10 g 六次甲基四胺（GB 1400），溶解后，混 匀。

标准配制水的制备：称取 1.470 g 二水氯化钙 0.986 g 硫酸镁、1.316 g 氯化钠溶于约 1.5 L 水中，完全溶解后，混匀；另称取 0.336 g 碳酸氢钠溶于约 0.2 L 水中，完全溶解后，混匀，转移到上述溶液中，用水稀释到 2.0 L，混匀。

水处理贮备溶液的配制：称取 2.000 克水处理药剂，溶于 250 mL 容量瓶中，配制成 8 000 mg/L的水处理复合药剂。

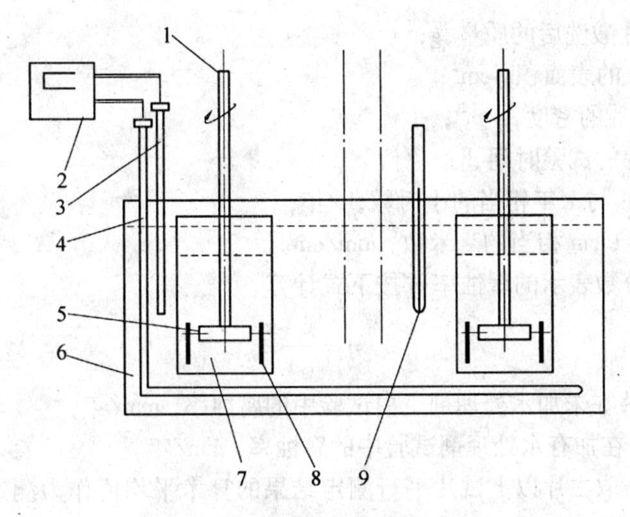

图 3.4　旋转挂片腐蚀测定仪

1—旋转轴;2—控温仪;3—测温探头;4—电加热器;5—试片固定装置;

6—恒温水塔;7—试杯;8—试片;9—温度计

【实验步骤】

1. 试液配制

在烧杯(2 000 mL)中加入 15 mL 水处理剂贮备溶液,精确到 0.1 mL,加试验用水到 2 000 mL,混匀,即为含 60 mg/L 药剂的试液。

2. 缓蚀性能测试

(1)在烧杯外壁与液面同一水平处划上刻线,并加一盖子,将烧杯置于恒温(50±1) ℃水浴中。

(2)将干燥后的试片取出称量,精确到 0.000 1 g,置于试片固定装置上。启动电动机,使试片按 80±1 r/min 的旋转速度转动,并开始计时。

(3)烧杯不加盖,令水自然蒸发,液面低于刻度线时,可每隔 4 h 补加蒸馏水,使液面保持在刻线处。运行 72h 后,停止试片转动,取出试片并进行外观观察。

(4)将试片用毛刷刷洗干净,然后在酸洗溶液中浸泡 3 ~ 5 min,取出,迅速用自来水冲洗后,立即浸入氢氧化钠溶液(60 g/L)中约 30 s,取出,用自来水冲洗,用滤纸擦拭并吸干,在无水乙醇中浸泡约 3 min,用滤纸吸干,置于干燥中 0.5 h 以上,称量,精确到 0.000 1 g。

3. 空白试验

按上述操作步骤,烧杯中不加水处理剂贮备溶液进行试验。

【数据处理】

(1)以 mm/年表示的腐蚀率 x 按下式计算

$$x = 8\,760 \times (m_0 - m) \times 10 / (A \cdot \gamma \cdot t) = 87\,600 (m_0 - m) / (A \cdot \gamma \cdot t)$$

式中　m_0——试片的原质量,g;

m——试片酸洗后的质量,g;

A——试片的表面积, cm^2;

γ —— 试片的密度,g/m^3;

t ——试片的试验时间,h;

8 760 —— 与 1 年相当的小时数,h/年;

10 ——与 1 cm 相当的毫米数, mm/cm。

(2)以质量分数表示的缓蚀率 η 按下式计算

$$\eta = \frac{x_0 - x}{x}$$

式中 x_0——试片在未加水处理剂空白试验中的腐蚀率, mm/年;

x——试片在加有水处理剂试验中的腐蚀率, mm/年。

(3)精密度。取二片以上试片平行测定结果的算术平均值作为测定结果;平行测定结果(试片质量损失)的偏差不超过算术平均值的±10%。

实验32 电催化氧化法处理有机废水

【实验目的】

了解电催化氧化法处理废水的原理和方法。

【实验原理】

电化学方法处理有机物的基本原理有阳极氧化、阴极还原、电絮凝、电浮选等，实际生产中往往是多种机理的共同作用。电催化氧化法是近年来逐渐发展起来的一种颇有发展前景并已在某些废水处理中得到应用的方法。电催化氧化废水处理具有氧化还原、凝聚、气浮、杀菌消毒和吸附等多种功能，并具有设备体积小、占地面积少、操作简单灵活，可以去除多种污染物，同时还可以回收废水中的贵重金属等优点。近年已广泛应用于处理电镀废水、化工废水、印染废水、制药废水、制革废水、造纸黑液等场合。最近几年来国内外的一些环保工作者更是广泛地开展了电催化氧化处理生物降解有机废水的研究工作，并取得了一些进展。

有机物的电催化氧化过程是通过阳极反应直接降解有机物，或通过阳极反应产生自由基·OH、臭氧一类的氧化剂降解有机物，且不产生有毒害的中间产物，更符合环境保护的要求。

电催化反应装置如图3.5所示。

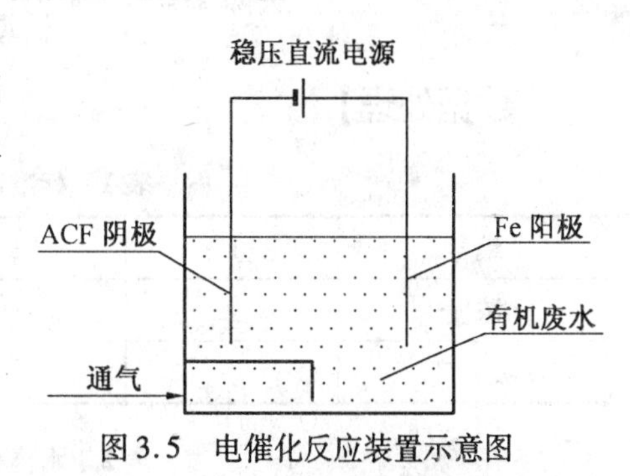

图3.5 电催化反应装置示意图

在稳压直流电源作用下，用可溶性铁作为阳极，活性碳纤维(简称ACF)作为阴极，并在阴极通入空气。电解槽中发生如下反应。

阳极反应 $Fe - 2e \longrightarrow Fe^{2+}$

阴极反应：酸性条件下

$$O_2 + 2H^+ + 2e = H_2O_2$$

碱性条件下

$$O_2 + H_2O + 2e = HO_2^- + OH^-$$

在Fe^{2+}催化作用下，阴极产生的H_2O_2转变为·OH，·OH有很高的标准还原电极电位(2.8V)，可以将有机物分子氧化降解为小分子，甚至降解为最简单的分子H_2O、CO_2等。同时，Fe^{2+}还会被氧化为Fe^{3+}，Fe^{3+}水解

$$Fe^{3+} + 3OH^- \longrightarrow Fe(OH)_3\downarrow$$

产生的$Fe(OH)_3$具有絮凝作用，可以使小分子絮凝沉降除去。

另外，活性炭纤维还具有吸附、催化等功能，对处理有机物起到很大作用，HO_2^-也具有一定的氧化能力，阴极空气以及电解过程中产生的O_2、H_2等还具有气浮作用。因此，实际上该电解过程是电解氧化-吸附-絮凝-气浮的共同作用。

【仪器与试剂】

1. 仪器

电解槽(自制)；空气泵；LD5-2A型离心机；WYJ-30型晶体管直流稳压电源；VIS-

7220 型分光光度计；容量瓶(1 000 mL)1 只；容量瓶(250 mL)5 只。

2. 试剂

Na_2SO_4；染料(活性墨绿 B)。

【实验步骤】

1. 配制水样

准确称取 0.3 g 染料，溶解在 1 000 mL 容量瓶中稀释至刻度，配制成浓度为300 mg/L 的溶液。

2. 配制标准溶液

分别取配制好的染料溶液 5 mL、10 mL、20 mL、50 mL 于 250 mL 容量瓶中，稀释至刻度，然后分别在可见分光光度计上 642 nm 处测吸光度。以吸光度为纵坐标，浓度为横坐标作图，得出吸光度与浓度的曲线。

3. 电解

取 50 mg/L 水样 2.5 L 于电解槽中，加入 25 g 无水硫酸钠作为支持电解质，放入电极，打开电源，调节电压为 11 V，通入空气，进行电解。每隔 10 min 取样离心分离后测吸光度，并在工作曲线上查出相应浓度，计算去除率。

$$去除率=\frac{原水样浓度-处理后水样浓度}{原水样浓度}\times 100\%$$

【数据处理】

表 1　标准溶液数据记录与处理

编号	1	2	3	4	5
浓度					
吸光度					

表 2　水样处理数据记录与处理

水样	1	2	3	4	5
吸光度					
浓度					
去除率/%					

【讨论】

(1)电解法处理废水基本原理有哪些?

(2)本试验阴阳两极电极反应各是什么?

实验 33　煤的工业分析

【实验目的】

1. 掌握测定煤的水分的方法。
2. 掌握测定煤的发热量的方法,学会使用弹式量热计。
3. 掌握测定煤的灰分的方法。
4. 掌握测定煤的挥发分的方法。

【实验原理】

按照国家标准 GB 212—2001 煤的工业分析方法标准,参照采用了国际标准 ISO348:1981(E)《硬煤分析试样中水分测定方法 直接容量法》、ISO 562:1981(E)《硬煤和焦炭挥发分测定方法》和 ISO 1171:1981(E)《固体矿物燃料 灰分测定方法》,这些标准适用于褐煤、烟煤和无烟煤,规定了煤的水分、灰分和挥发分的测定方法和固定碳的计算方法。

标准对煤中水分(Mad)的测定规定了三种方法:方法 A(通氮干燥法)和方法 B(甲苯蒸馏法)适用于所有煤种,方法 C(空气干燥法)仅适用于烟煤和无烟煤。本实验以方法 C 空气干燥法为主,其原理是,称取一定量的煤样,置于 105 ~ 110 ℃干燥箱中,在空气流中干燥到质量恒定,然后根据煤样的质量损失计算出水分的百分含量。本方法简单易行,但在仲裁分析中遇到有用空气干燥煤样水分的方法,其进行换算时,应用方法 A 测定空气干燥煤样的水分。

标准对煤中灰分(A_{ad})的测定也规定了两种方法,即缓慢灰化法和快速灰化法。缓慢灰化法为仲裁法;快速灰化法可作为例常分析方法。快速灰化法中方法 A 使用专门快速灰分测定仪,将装有煤样的灰皿放在预先加热至 815±10 ℃的灰分快速测定仪的传送带上,煤样自动送入仪器内完全灰化,然后送出。方法 B 将装有煤样的灰皿由炉外逐渐送入预先加热至 815±10 ℃的马弗炉中灰化并 灼烧至质量恒定,然后以残留物的质量占煤样质量的百分数作为灰分产率。本实验采用方法 B 测定煤中灰分。

煤的挥发分(V_{ad})测定,称取一定量的空气干燥煤样,放在带盖的瓷坩埚中,在900±10 ℃温度下,隔绝空气加热 7 min。以减少的质量占煤样质量的百分数,减去该煤样的水分含量(M_{ad})作为挥发分产率。

煤的发热量定义为单位质量的煤完全燃烧时所放出的热量。煤发热量测定方法按照国家标准 GB/T 213—2008,采用氧弹量热计进行测量。发热量测量原理是将一定量的试样置于充有一定压力 2.8 ~3.0 MPa 密封的氧弹中,在充足的氧气条件下,令试样完全燃烧,燃烧所放出的热量被氧弹周围一定的水(内桶水)所吸收,其水的温升与试样燃烧放出的热量成正比。发热量即可由燃烧前后的温差计算出来

$$Q=K(T_h—T_0)/m$$

式中　Q—— 试样发热量,J/g ;

K——量热系统热容量,J/K;

m——试样质量,g;

T_0——量热系统起始温度,K;

T_h——为量热系统吸收试样放出热量后的终值温度，K。

测定发热量时，将1～1.1 g空气干燥煤样放入不锈钢制的耐压氧弹中，用氧气瓶将氧弹充氧至2.6～2.8 MPa，利用电流加热弹筒内的金属丝使煤样着火，试样在压力和过量的氧气中完全燃烧，产生CO_2和H_2O，灰和燃烧产物被水吸收后生成H_2SO_4和HNO_3。燃烧产生的热量被内套筒中的水吸收，根据水温的上升并进行一系列温度校正后，可计算出单位质量煤燃烧所产生的热量，称弹筒发热量。由于弹筒发热量是在恒定容器下测定的，所以它是恒容发热量。任何物质（包括煤）的燃烧热，随燃烧产物的最终温度而改变，温度越高，燃烧热越低。因此，一个严密的发热量定义，应对烧烧产物的温度有所规定。但在实际测定发热量时，由于具体条件的限制，把终点温度限定在一个特定的温度或一个很窄的范围内是不现实的。温度每升高1 K，煤和苯甲酸的燃烧热约降低0.4～1.3 J/g。当按规定在相近的温度下标定热容量和测定发热量时，温度对燃烧热的影响可近于完全抵销，而无需加以考虑。

【仪器与试剂】

1. 仪器

电子天平感量0.000 1 g；SXL 1208程控箱式电炉；绝热式氧弹量热计；电热恒温鼓风干燥箱；干燥器；耐热瓷板或石棉板（尺寸与炉膛相适应）；瓷灰皿；压饼机；秒表。

2. 试剂

煤。

【实验步骤】

1. 煤中水分测定

（1）用预先干燥并称量过（精确至0.000 1 g）的称量瓶称取粒度为0.2 mm以下的空气干燥煤样1±0.1 g，精确至0.000 1 g，平摊在称量瓶中。打开称量瓶盖，放入预先鼓风并已加热到105～110 ℃的干燥箱中。在一直鼓风的条件下，烟煤干燥1 h，无烟煤干燥1～1.5 h（注：将称好装有煤样的称量瓶放入干燥箱前3～5 min就开始鼓风）。

（2）干燥完毕，从干燥箱中取出称量瓶，立即盖上盖，放入干燥器中冷却至室温（约20 min）后，称量。

（3）进行检查性干燥，每次30 min，直到连续两次干燥煤样的质量减少不超过0.001 g或质量不增加时为止。在后一种情况下，要采用质量增加前一次的质量为计算依据，水分在2%以下时，不必进行检查性干燥。算出总减量占原试样质量的百分数即为分析试样中水分含量（M_{ad}）。

（4）结果计算，空气干燥煤样的水分M_{ad}=（煤样干燥后失去的质量/称取的煤样质量）100%

水分测定的精密度

水分 M_{ad}/%	重复性限/%
<5.00	0.20
5.00～10.00	0.30
>10.00	0.40

2. 煤的灰分测定

(1)用预先灼烧至质量恒定的灰皿,称取粒度为0.2 mm以下的空气干燥煤样1±0.1 g,精确至0.000 1 g,均匀地摊平在灰皿中,使其每平方厘米的质量不超过0.15 g。盛有煤样的灰皿预先分排放在耐热瓷板或石棉板上。

(2)将马弗炉加热到850 ℃,打开炉门,将放有灰皿的耐热瓷板或石棉板缓慢地 推入马弗炉中,先使第一排灰皿中的煤样灰化。待5~10 min后,煤样不再冒烟时,以每分钟不大于2 mm的速度把二、三、四排灰皿顺序推入炉内炽热部分(若煤样着 火发生爆燃,试验应作废)。

(3)关上炉门,在815±10 ℃下灼烧40 min。

(4)从炉中取出灰皿,放在空气中冷却5 min左右,移入干燥器中冷却至室温(约20 min)后,称量。

(5)进行检查性灼烧,每次20 min,直到连续两次灼烧的质量变化不超过0.001 g为止。

用最后一次灼烧后的质量为计算依据。如遇检查灼烧时结果不稳定,应改用缓慢灰化法重新测定。灰分低于15%时,不必进行检查性灼烧。

(6)结果计算,空气干燥煤样的灰分A_{ad}% =灼烧后残留物的质量/煤样的质量

灰分测定的精密度:

灰分/%	重复性限A_{ad}/%	再现性临界差A_{ad}/%
<15.00	0.20	0.30
15.00~30.00	0.30	0.50
>30.00	0.50	0.70

3. 煤的挥发分测定

(1)用预先在900 ℃下灼烧至质量恒定的带盖瓷坩埚,称取粒度为0.2 mm以下的空气干燥煤样1±0.01 g,精确至0.000 2 g,然后轻轻振动坩埚,使煤样摊平,盖上盖,放在坩埚架上。褐煤和长焰煤应预先压饼,并切成约3 mm的小块。

(2)将马弗炉预先加热至920 ℃左右,打开炉门,迅速将放有坩埚的架子送入恒温区并关上炉门,准确加热7 min。坩埚及架子刚放入后,炉温会有所下降,但必须 在3 min内使炉温恢复至900±10 ℃,否则此试验作废。加热时间包括温度恢复时间在内。

(3)从炉中取出坩埚,放在空气中冷却5 min左右,移入干燥器中冷却至室温(约20 min)后,称量。

(4)焦渣特征分类,测定挥发分所得焦渣的特征,按下列规定加以区分。

①粉状——全部是粉末,没有相互粘着的颗粒。

②粘着——用手指轻碰即成粉末或基本上是粉末,其中较大的团块轻轻一碰即成粉末。

③弱粘结——用手指轻压即成小块。

④不熔融粘结——以手指用力压才裂成小块,焦渣上表面无光泽,下表面稍有银白色光泽。

⑤不膨胀熔融粘结——焦渣形成扁平的块,煤粒的界线不易分清,焦渣上表面有明显

银白色金属光泽，下表面银白色光泽更明显。

⑥微膨胀熔融粘结——用手指压不碎，焦渣的上下表面均有银白色金属光泽，但焦渣表面具有较小的膨胀泡（或小气泡）。

⑦膨胀熔融粘结——焦渣上下表面有银白色金属光泽，明显膨胀，但高度不超过15 mm。

⑧强膨胀熔融粘结——焦渣上下表面有银白色金属光泽，焦渣高度大于15 mm。

为了简便起见，通常用上列序号作为各种焦渣特征的代号。

（5）结果的计算

$$V_{ad}=[(m_1/m)\times 100-M_{ad}]\times 100\%$$

挥发分测定的精密度

挥发分/%	重复性限 V_{ad}/%	再现性临界差 V_d/%
<20.00	0.30	0.50
20.00～40.00	0.50	1.00
>40.00	0.80	1.50

4. 固定碳的计算

固定碳 $F(C)_{ad}$ 按下式计算

$$F(C)_{ad}=[100-(M_{ad}+A_{ad}+V_{ad})]\times 100\%$$

5. 空气干燥基挥发分换算成干燥无灰基挥发分及干燥无矿物质基挥发分

（1）干燥无灰基挥发分

$$V_{daf}=V_{ad}\times 100/(100-M_{ad}-A_{ad})$$

（2）当空气干燥煤样中碳酸盐二氧化碳质量分数为2%～12%时，则

$$V_{daf}=V_{ad}-(CO_2)_{ad}/(100-M_{ad}-A_{ad})$$

（3）当空气干燥煤样中碳酸盐二氧化碳质量分数大于12%时

$$V_{daf}=V_{ad}-[(CO_2)_{ad}-(CO_2)_{ad}(\text{焦渣})]/(100-M_{ad}-A_{ad})$$

6. 煤的发热量测定

（1）在清洁干燥的燃烧皿中称取粒度小于0.2 mm的煤样1.0～1.1 g，精确到0.000 2 g，并把它放在氧弹架上，接通点火丝，量取10 mL水放入氧弹内，拧好弹盖。在充弹装置上充以2.6～3.0 MPa压力的氧气。

（2）调节外筒水温并测量外筒水温。

（3）调节内筒水温及称重，使其低于外筒0.4～1.2 ℃（低于外筒0.9～1.1 ℃最理想），称取3 000 g水（内筒本身重+水重）。

（4）把内筒放入外筒中，并把氧弹放入内筒中，调节内筒水温。

（5）把测温探头插入外筒水中，测量外筒温度至稳定；

（6）按点火按钮，每隔30 s记录外筒温度，直至温度开始下降；再记录10个温度。

（7）数据处理，热量计与周围环境的热交换无法完全避免，它对温度测量值的影响可用雷诺（Renolds）温度校正图校正。即以温度为纵坐标，时间为横坐标作图，如图3.6。求得反应前后溶液的温度变化 ΔT，计算热值

$$q=K\Delta T$$

式中　K——仪器总热容,量热计常数。

必须注意,这种作图法进行校正时量热计的温度和外界环境的温度不宜相差太大(最好不超过 2 ~3 ℃),否则会引进误差。

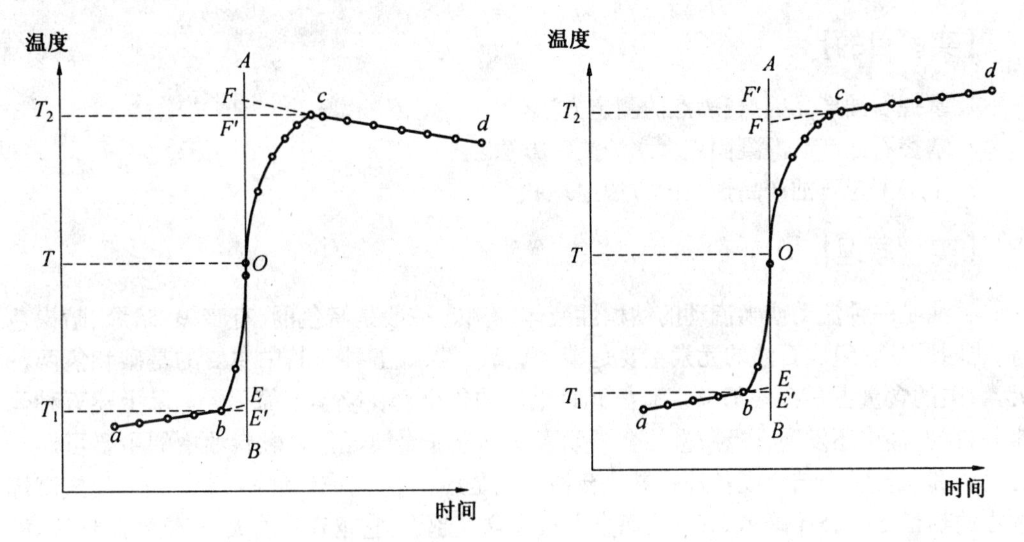

图 3.6　雷诺(Renolds)温度校正图

【注意事项】

在一次发热量测定后,发现燃烧皿内有未燃尽煤样,可能原因为:

(1)充氧压力不足,或氧弹漏气。

(2)煤质太差,挥发分太低。

(3)充氧速度太快或燃烧皿位置不正,使试样溅出。

(4)点火丝埋入煤粉较深。

(5)试样含水量过大或煤粉太粗。

【讨论】

(1)测煤的水分时,为什么要预先鼓风?

(2)测煤的灰分时,为什么若煤样着火发生爆燃,试验应作废?

(3)煤的发热量测定中,为什么要采用外推法求温差?

实验 34　油品的工业分析

【实验目的】

1. 掌握石油产品闪点、燃点的测定方法。

2. 掌握石油产品的凝固点和水分测定方法。

3. 了解测定石油产品性质的方法原理和意义。

【实验原理】

石油是一种流动或半流动的粘稠性液体,有味,一般是暗色的,有暗黑、暗绿、暗褐色等,也叫原油。组成石油的元素主要是碳、氢、氧、氮、硫五种。其中主要的是碳和氢两种元素,碳的含量占 84% ~87%。碳氢元素组成的化合物在化学上简称烃。除上述五种元素外,在石油中还发现有极微量的金属元素和其他非金属元素。燃料油中的主要可燃成分是碳和氢。它们结合成各种碳氢化合物。氢是燃料中一种有利的元素。一公斤氢燃烧放出的热量比一公斤碳多 3.5 倍,而且燃料中含氢越多,它越容易着火,燃烧性能越好。

随着油温的升高,油面蒸发的油气增多。当油气和空气的混合物与明火接触时,发生短暂的闪光(一闪即灭),这时的油温称为闪点。油的闪点与其组成有密切关系。油中只要含有少量分子量小的成分,就会使其闪点显著降低,油的沸点越低,其闪点也越低。压力升高,其闪点也升高。闪点是防止油发生火灾的一项重要指标。敞口容器中油温接近或超过闪点,就会增加着火的危险性。在敞口容器中加热油,加热温度应低于闪点 10 ℃。而在压力容器中则不受此限制。

测定燃点时所用的设备和测定闪点时相同,当油温达到闪点时,遇到明火即可闪燃,但要使油连续燃烧下去,必须使油温更高一些。当油面上的油气与空气的混合物遇到明火能着火连续燃烧(持续时间不少于 5s),这时油的最低温度称为该油的燃点。显然,燃点高于闪点。例如,试验测得某原油的闪点为 39 ℃,其燃点为 54 ℃;某种重油的闪点为 222 ℃,其燃点为 282 ℃。

从防火角度考虑,希望油的闪点、燃点高些,两者的差值大些。而从燃烧角度考虑,则希望闪点、燃点低些,两者的差值也尽量小些。

开口杯法测闪点燃点的方法原理如下,把试样装入内坩埚中到规定的刻线,首先迅速升高试样的温度,然后缓慢升温,当接近闪点时,恒速升温。在规定的温度间隔,用一个小的点火器火焰按规定通过试样表面,以点火器火焰使试样表面上的蒸气发生闪火的最低温度,作为开口杯法闪点。继续进行试验,直到用点火器火焰使试样发生点燃并至少燃烧 5 s 时的最低温度,作为开口杯法燃点。

燃料油是各种烃的复杂混合物,它从液态变为固态的过程是逐渐进行的,不像纯净的单一物质那样具有一定的凝固点。当温度逐渐降低时,它并不立即凝固,而是变得越来越粘,直到完全丧失流动性为止。在石油工业中测凝点的方法是,将试样油放在一定的试管中冷却,并将它倾斜 45°角,如果试管中的油经过 1 min 时间保持不变,这时油的温度即是该油的凝固点。油的凝固点对油在低温下的流动性能有影响,在低温下输送凝固点高的油时应给予加热或采取必要的防冻措施。

原油中水分的存在形式：

①悬浮水，是以微小颗粒状悬浮在粘性油中，其颗粒直径大于5 μm，这部分水在经过一定时间之后，会自然沉降到油罐底部而聚集成底部游离水。

②游离水，与原油分为两层以水相单独存在。

③溶解水，溶解于原油之中和油成为一体而存在，其颗粒直径小于5 μm。石油中溶解水的数量决定于原油的化学成分和温度，温度越高，水能溶解于油的数量就越多。

原油中的水分一般是有害的。水分过高会促使管道或设备腐蚀，增加排烟损失和输送动力消耗等。当水分不均匀地混在油中，出现油水分层时危害更大，它会使炉内火焰脉动，造成锅炉灭火。同时，原油含有水分还会给原油计量带来误差，造成原油计量不准确。所以在原油的加工、买卖和运输途中应准确测定原油中水的含量。原油中水分的测定采用蒸馏法（GB/T 8929—2006），即将一定量的试样与不溶于水的溶剂混合，进行加热蒸馏，回流过程中，溶剂和水在接收器中连续分离，水沉降在接收器的刻度管中，溶剂则返回到蒸馏烧瓶，然后据此计算油中水分含量。

【仪器与试剂】

1. 仪器

开口闪点测定器；温度计；煤气灯；酒精喷灯或电炉（测定闪点高于200 ℃试样时，必须使用电炉）；圆底试管（高160 mm，内径20 mm，距管底30 mm处外侧有标线）；套管（高130 mm，内径40 mm）；冷却剂（实验温度在0 ℃以上用水和冰的混合物，0～20 ℃用盐和碎冰）；保温桶或广口瓶；蒸馏装置（接收器最小刻度0.05 mL，带有24/39锥形磨口）。

2. 试剂

无水乙醇；蒸馏溶剂（不溶于水，密度小于1，沸点比试样低，选用优级品二甲苯或油漆工业用溶剂油）。

【实验步骤】

1. 闪点与燃点的测定

(1)准备工作

试样的水分大于0.1%时，必须脱水。脱水处理是在试样中加入新煅烧并冷却的食盐、硫酸钠或无水氯化钙进行。闪点低于100 ℃的试样脱水时不必加热，其他试样允许加热至50～80 ℃时用脱水剂脱水。脱水后，取试样的上层澄清部分供试验使用。

内坩埚用溶剂油洗涤后，放在点燃的煤气灯上加热，除去遗留的溶剂油。待内坩埚冷却至室温时，放入装有细砂（经过煅烧）的外坩埚中，使细砂表面距离内坩埚的口部边缘约12 mm，并使内坩埚底部与外坩埚底部之间保持厚度为5～8 mm的砂层。对闪点在300 ℃以上的试样进行测定时，两只坩埚底部之间的砂层厚度允许酌量减薄，但在试验时必须保持规定的升温速度。

试样注入内坩埚时，对于闪点在210 ℃和210 ℃以下的试样，液面距离坩埚口部边缘为12 mm（即内坩埚内的上刻线处）；对于闪点在210 ℃以上的试样，液面距离口部边缘为 18 mm(即内坩埚内的下刻线处)。

试样向内坩埚注入时,不应溅出,而且液面以上的坩埚壁不应沾有试样。

将装好试样的坩埚平稳地放置在支架上的铁环(或电炉)中,再将温度计垂直地固定在温度计夹上,并使温度计的水银球位于内坩埚中央,与坩埚底和试样液面的距离大致相等。测定装置应放在避风和较暗的地方并用防护屏围着,使闪点现象能够看得清楚。

点火器的火焰长度,应预先调整为 3 ~4 mm。

(2)闪点的测定

加热坩埚,使试样逐渐升高温度,当试样温度达到预计闪点前 60 ℃时,调整加热速度,使试样温度达到闪点前 40 ℃时能控制升温速度为每分钟升高 4±1 ℃。试样温度达到预计闪点前 10 ℃时,将点火器的火焰放到距离试样液面 10 ~14 mm 处,并在该处水平面上沿着坩埚内径作直线移动,从坩埚的一边移至另一边所经过的时间为 2 ~3 s。试样温度每升高 2 ℃应重复一次点火试验。试样液面上方最初出现蓝色火焰时,立即读出温度计的温度数作为闪点的测定结果,同时记录大气压力。

注:试样蒸气的闪火同点火器火焰的闪光不应混淆。如果闪火现象不明显,必须在试样升高 2 ℃时继续点火证实。

(3)燃点的测定

测得试样的闪点之后,继续对外坩埚进行加热,使试样的升温速度为每分钟升高 4±1 ℃。然后,用点火器的火焰继续进行点火,试样接触火焰后立即着火并能继续燃烧不少于 5 s,此时立即从温度计读出温度数作为燃点的测定结果。

2. 凝固点的测定

(1)在干燥清洁的试管中注入试样(若试样含水,则需用粒状氯化钙脱水),液面到达环形标线处,塞进带有温度计的软木塞,温度计水银球距管底 8 ~10 mm。将装有试样和温度计的试管垂直浸在 50±1 ℃的水浴中,直至试样温度稳定。

(2)取出试管,擦干外壁,用软木塞将其牢牢固定在套管中,并使其处处与套管内壁距离相等(试样凝点低于 0 ℃时,应预先在套管内装入乙醇 1 ~3 mL)。

(3)将套管固定在支架的夹子上,在室温中冷却至 35±1 ℃;然后将这套装置浸在装好冷却剂的容器中,浸入深度不少于 70 mm。冷却剂的温度要比试样预期凝点低(7 ~8) ℃。

(4)当试样温度冷却到预期凝点时,将装置在冷却剂中倾斜 45°,保持 1 min。

(5)从冷却剂中小心取出套管,迅速用工业乙醇擦拭套管外壁,垂直套管观察试管内液面有无移动迹象。

(6)若液面有移动,则从套管中取出试管,重新在水浴中升温,按照比上次温度低的温度进行测定,直至液面没有移动为止。若液面没有移动,则用比上次高 4 ℃的温度重新测定,直至液面稍有移动为止。

(7)找出凝点的温度范围,如此反复试验,直至某试验温度时液面不移动,而升高 2 ℃液面会移动,取液面不动的温度为试样的凝点。

(8)重复测试。第二次测试的开始温度要比第一次测试的凝点高 2 ℃。

(9)取两次测试的凝点平均值作为样品的凝点。

3. 水分的测定

(1)接收器的标定

在首次使用前，要检验接受器刻度的精度，使用 5 mL 的微量滴定管或是能读准至 0.01 mL的精密微量移液管，以 0.05 mL 的增量逐次加入蒸馏水。如果加进的水量和观察的水量的偏差大于 0.05 mL，则废弃这个接受器或重新标定。

(2)试样的准备

基于样品的预期含水量，根据表 3 选择试样量如果怀疑混合样品的均匀性，而样品量与预期的水含量(见表 3)一致时，应该用样品的总体积进行测定。如果以上情况不可能时，则至少应测定 3 份试样，报告所有的测定结果并记录它们的平均值作为试样的含水量。

表 3　样品预期的水含量与称取试样量

预期水含量(质量分数或体积分数)/%	大约试样量/(g 或 mL)
50.1 ~ 100	5
25.1 ~ 50.0	10
10.1 ~ 25.0	20
5.1 ~ 10.0	50
1.1 ~ 5.0	100
0.5 ~ 1.0	200
< 0.5	200

(3)量取试样

用容积等于按上表所选试样量的量筒量取流动液体(仔细缓慢地倾倒试样达到量筒所要求的刻度并避免夹带空气，严格调整液面尽可能地达到所要求刻度)，仔细地把试样倒入蒸馏烧瓶中，用与量筒相同体积的溶剂分 5 份清洗量筒，并把清洗液倒入烧瓶中。要彻底倒净量筒，以确保试样完全转移。把试样直接倒入蒸馏烧瓶中，称量试样(见上表)。如果必须使用转移容器(例如烧杯或量筒)，溶剂分 5 份清洗容器，并把清洗液倒入烧瓶中，然后计算试样的质量。

(4)装配仪器

在烧瓶中加入足够的溶剂，使其总体积达到 400 mL。为了减少暴沸，磁力搅拌器是最有效的装置，也可以用玻璃珠。装配仪器必须确保所有接头的气密性和液密性，要求玻璃接头不涂润滑脂，通过冷凝夹套的循环水的温度在 20 ~ 25 ℃。在一般情况下，通入冷凝器夹套的循环水可为常温自来水，如果对试验结果有争议和仲裁实验时，则应将循环冷却水的温度保持在 20 ~ 25 ℃。

(5)蒸馏

由于原油的类型能较大地改变原油-溶剂混合物的沸腾性质，所以加热的初始阶段要缓慢加热，以防止暴沸和系统的水分损失(冷凝液不能高于冷凝管内管的 3/4 处；为了使冷凝液容易洗下来，冷凝液要尽量保持接近在冷凝管冷却水的进口处)。继续蒸馏直到除接收器外仪器的任何部位都看不到可见水，并且接收器内的水的体积在 5 min 内保持为常数。如果冷凝管内管中有水滴持续积聚，在加热停止至少 15 min 后用溶剂冲洗。冲洗后，蒸馏至少 5 min，缓慢加热防止暴沸。重复此步骤直到冷凝管内没有任何可见水，并且接收器内水的体积在至少 5 min 内保持为常数（如果这个步骤不能除掉水时，使用尖状小工具或聚四氟乙烯刮具或是相当的器具，以便把水刮进接收器中）。

（6）水分测量

当水完全被转移后，让接收器和其内容物冷却至室温，用尖状小工具或聚四氟乙烯刮具把黏附在接收器上的任何水滴刮进水层里。读出接收器中水的体积。接收器是按 0.05 mL的增量刻度的，但是体积要估读至接近 0.025 mL。

（7）空白试验

将 400 mL 溶剂倒入蒸馏烧瓶中，按上述步骤进行空白试验。

（8）数据处理

使用下面一个合适的公式计算样品的水含量，以水分的体积分数 $\varphi\%$ 或质量分数 $w\%$ 计，数值以% 表示

$$\varphi_a = (V_2 - V_0)/V_1 \times 100\%$$

$$\varphi_b = (V_2 - V_0)/(m/\rho) \times 100\%$$

$$w_c = (V_2 - V_0)/m \times 100\%$$

式中 V_0——做空白试验时接收器中水的体积（修约到 0.025 mL），mL；

V_1——试样的体积的数值，mL；

V_2——接收器中水的体积（修约到 0.025 mL），mL；

M ——试样质量的数值，g；

ρ——样品密度，g/mL。

假定水的密度为 1 g/mL，如果存在挥发性的水溶性物质，可当作水测量。报告水含量的结果修约到 0.025%。

【讨论】

（1）油的闪点与哪些因素有关？

（2）为什么确定油的凝固点选择试管倾斜 1 min 油表面不移动时的温度？

（3）用蒸馏法测油的水分时，为什么要对接收器进行刻度检验？

（4）用蒸馏法时仪器中是否要进行干燥？

实验35　分子筛的制备及其物性测定

（设计性实验）

【实验目的】

1. 通过分子筛的制备及其物性测定，了解分子筛制备的一般方法和物性测定实验技术。

2. 培养和提高综合利用实验技术和解决问题的能力。

【实验原理】

分子筛本是一种新型的高效能和高选择性的吸附剂，但近年来分子筛作为催化剂和催化剂的载体，已被广泛应用于石油炼制和化学工业中。

分子筛又称沸石，是一种结晶的硅酸盐。分子筛的化学组成一般可用以下通式来表示

$$M_{2/a}O \cdot Al_2O_3 \cdot xSiO_2 \cdot yH_2O$$

式中　M——金属离子；

a——金属离子的价数；

x——SiO_2 的分子数；

y——结晶水的分子数。

分子筛组成中 SiO_2 的含量不同，或者说 $n(SiO_2)/n(Al_2O_3)$ 的值不同可形成不同类型的分子筛。各种类型分子筛中 SiO_2 的物质的量如下

A 型分子筛　$x=2$

X 型分子筛　$x=2.1\sim3.0$

Y 型分子筛　$x=3.1\sim5.0$

丝光沸石　$x=9\sim11$

当 SiO_2 的含量不同时，分子筛的性质如耐酸性、热稳定性等也不相同。不仅如此，不同类型的分子筛其晶体结构也不同，由此各分子筛表现出自己所独有的性质。

分子筛的组成单元是硅铝氧四面体，如图 3.7 所示。硅氧四面体和铝氧四面体结构相同。

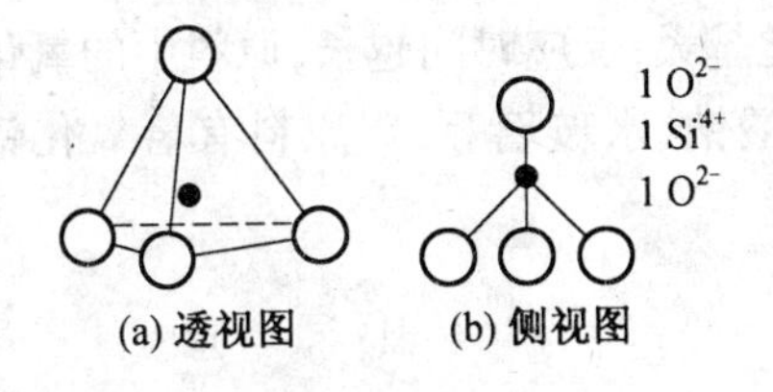

图 3.7　硅氧四面体和铝氧四面体

硅氧四面体和铝氧四面体按一定的方式，即公用顶点的氧连接在一起的，可以形成环状、链状或笼状骨架。在同样形状的骨架中，由于四面体的数目不同，所成的形状大小也

各不相同,如四个四面体形成一个四元环,六个四面体形成一个六元环,如图 3.8 所示。

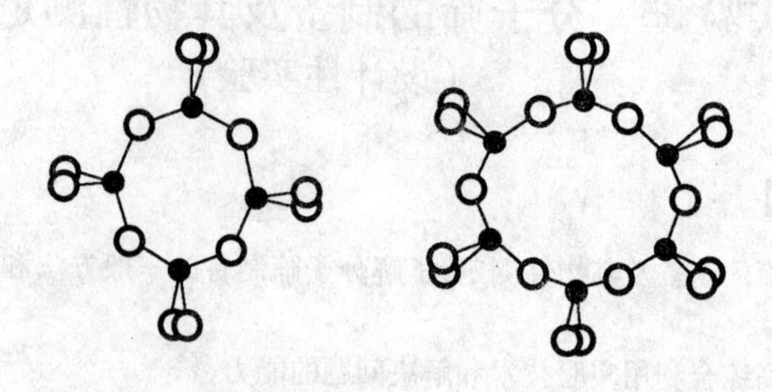

图 3.8　四元环和六元环

环的中间是一个孔,不同的环则有不同的孔径。在某一型号的分子筛中,不完全是由一种环组成,这样同一型号的分子筛可有不同的孔径。

分子筛中 SiO_2 四面体中的 Si 是四价的,而 AlO_4 四面体中的 Al 是三价的,它与四个氧配位,构成电负性的四面体,这样整个硅氧铝骨架是带负电荷的,为此必须吸附阳离子以保持电中性平衡。通常合成分子筛时,在骨架中每个铝氧四面体的附近携带一个 Na^+,使整个分子筛保持电中性,所以分子筛结构中 Na 和 Al 的原子数应该是相同的。

分子筛中硅氧四面体和铝氧四面体连接成的孔道结构是规则而均匀的,这些孔道直径为分子大小的数量级。通常这些孔道内为吸附水和结晶水所占据,加热脱水后的分子筛就可以吸附直径比它小的分子,分子筛的孔道具有非常大的内表面,由于晶体晶格的特点而具有高度的极性,因而对极性分子和可极化分子具有较强的吸附能力,这样就可以按吸附能力的大小对某些物种进行选择性分离。分子筛骨架结构上所携带的 Na^+具有离子交换性能,为适合分子筛的各种不同用途,常把它交换成其他阳离子,交换的顺序与分子筛的孔径及离子的价数有关。经离子交换后,分子筛的化学物理性质有了极大的变化,因而可具有良好的催化性能。交换离子的不同及交换程度的不同,分子筛的催化性能也不同。因此,分子筛催化剂可通过离子交换的方法来调整其催化活性和选择性。

分子筛的制备常用水热法,首先是成胶,即将 SiO_2 和 Al_2O_3 在过量碱存在下,在水溶液中混合形成碱性硅铝胶;然后是晶化,即在适当的温度及相应的饱和水蒸气压下将处于过饱和状态的碱性硅铝胶转化为晶体。在制备过程中,原料的配比、体系的均匀度、反应温度、pH 值、晶化时间对分子筛的形成和性能都有很大的影响。一般规则为溶液的 pH 值高,促进晶体生长;硅铝比越大,反应时间越长,原料中的氧化铝应有一定的过量。常用的硅原料有硅酸、硅胶、硅酸钠、水玻璃等;铝原料有氢氧化铝、硝酸铝、硫酸铝、氯酸钠等。

【仪器与试剂】

1. 仪器

磁力搅拌器;不锈钢合成釜;塑料烧杯(400 mL)2 个;显微镜。

2. 试剂

硅酸钠(化学纯);氢氧化钠(化学纯);铝酸钠(化学纯)。

【实验步骤】

1. 分子筛的制备

按指定的$n(SiO_2)/n(Al_2O_3)$制备分子筛。通过查阅有关的资料,拟定合适的制备方法。在实验室中自己准备所需试剂和有关设备等,经教师同意后再进行实验。

2. 分子筛的物性测定

(1)X射线相分析

按一般X射线相分析步骤,测定制备的分子筛样品的X射线衍射图。

(2)分子筛的化学分析

查阅有关资料,拟定测定分子筛组成的化学分析方法,自行测定分子筛中Na_2O、Al_2O_3、SiO_2的含量。

(3)分子筛的热重分析

按规定的操作步骤测定所制备分子筛的TG和DTG图。温度范围为室温至500 ℃。

(4)分子筛的外形观察

用显微镜观察制备所得的分子筛晶体的外形。

(5)饱和吸附量的测定

查阅有关资料,拟定饱和吸附量的测定方法,自己进行测试。

(6)离子交换

把所指定的阳离子交换到分子筛内,具体方法由查阅资料拟定。

以上是分子筛物性的测定,根据具体情况可选做其中部分内容,或另行选择其他物性的测定。

综合以上测试,写出所制备分子筛的组成、类型,并说明其物性。

【讨论】

(1)试述制备分子筛过程中影响其类型和物性的因素。

(2)试说明分子筛离子交换时影响其交换程度的因素,是否交换次数越多,交换度就越高?

实验36　γ-Al_2O_3的制备、表征及脱水活性评价

（综合性实验）

【实验目的】

1. 了解 γ-Al_2O_3 的制备方法。
2. 了解 NH_3-TPD 和 CO_2-TPD 方法测定固体表面酸、碱性的原理及方法。
3. 了解固体催化剂的活性评价方法。

【实验原理】

Al_2O_3 是工业上常用的化学试剂，由于制备条件不同，具有不同的结构和性质。到目前为止，Al_2O_3 按其晶型可分为8种，即 α-Al_2O_3、θ-Al_2O_3、γ-Al_2O_3、δ-Al_2O_3、η-Al_2O_3、χ-Al_2O_3、κ-Al_2O_3 和 ρ-Al_2O_3 型，可用作吸附剂、催化剂和催化剂载体。其中 γ-Al_2O_3 用途最广，因为它表面积大，在大多数催化反应的温度范围内稳定性好。γ-Al_2O_3 被用作载体时，除可以起到分散和稳定活性组分的作用外，还可提供酸、碱活性中心，与催化活性组分起到协同作用。

由 α-Al_2O_3、β-$Al_2O_3 \cdot 3H_2O$ 在一定条件下制得的勃母石（$Al_2O_3 \cdot H_2O$）是在500～850 ℃焙烧而成的。如进一步提高焙烧温度，γ-Al_2O_3 则相继转化为 β-Al_2O_3、θ-Al_2O_3 和 α-Al_2O_3。

γ-Al_2O_3 水合物在焙烧脱水过程中通过以下反应形成L酸中心（指任何可以接受电子对的物种）和碱中心（可以提供电子对的物种）

$$HO-\underset{}{\overset{OH}{\overset{|}{Al}}}-OH + HO-\overset{OH}{\overset{|}{Al}}-OH \xrightarrow[\triangle]{-H_2O} -O-\overset{OH}{\overset{|}{Al}}-O-\overset{OH}{\overset{|}{Al}}-O$$

$$\xrightarrow{-H_2O} -O-Al^{+}-\overset{O^{2-}}{O}-Al-O- \longrightarrow -O-\overset{\text{L酸中心}\downarrow}{Al^{+}}-O-\overset{\text{L碱中心 } O^{-}\downarrow}{Al}-O$$

而上述L酸中心很容易吸收水转化为B酸中心。

$$O-Al^{+}-O-\overset{O^{-}\downarrow}{Al}-O- \xrightarrow{-H_2O} -O-\overset{\text{B酸中心 } H\,H\ O^{+}\downarrow}{Al^{+}}-O-\overset{O\downarrow}{Al}-O$$

凡能给出质子（氢离子）的物种称为B酸；凡能接受质子的物种称为B碱。

在用 Al_2O_3 作催化剂时，其表面酸碱性质除与制备条件有关外，还与焙烧过程中

Al_2O_3 脱水程度以及 Al_2O_3 晶型有关。经 800 ℃焙烧过程的 Al_2O_3 得到的红外吸收谱图中，有 3 800 cm^{-1}、3 780 cm^{-1}、3 744 cm^{-1}、3 733 cm^{-1}和 3 700 cm^{-1}5 个吸收峰。这 5 个吸收峰对应于图 3.9 中 5 种不同的 OH 基（分别以 A、B、C、D 和 E 表示）

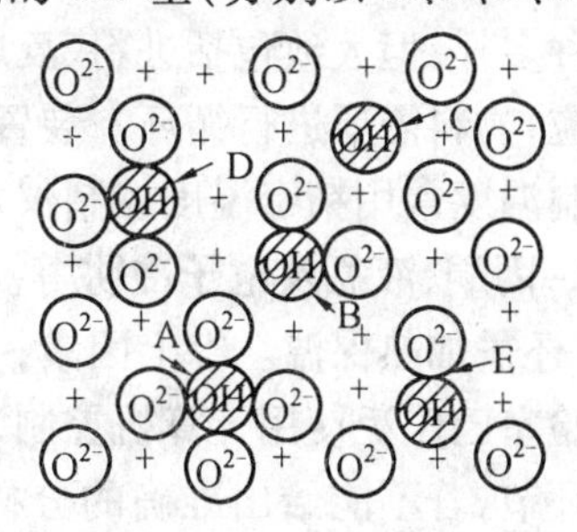

图 3.9　Al_2O_3 表面的羟基

+表示 L 酸中心；O^{2-} 表示 L 碱中心

由于这些 OH 基周围配位的酸或碱中心数不同，使每种 OH 基的性质也不同，故出现 5 种不同的 OH 基吸收峰。

醇在 Al_2O_3 的酸、碱位的协同作用下可以发生脱水反应而生成相应的醚。

例如，甲醇脱水生成二甲醚的反应机制如下

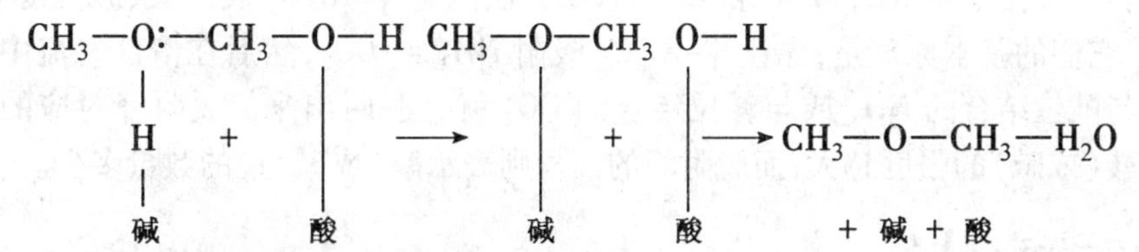

二甲醚本身可用作喷雾剂、冷冻剂和燃料，同时又是由合成气生产汽油和乙烯等的中间体，因此，研究甲醇脱水制备二甲醚的反应有重要意义。

催化反应的活性评价是研究催化过程的重要组成部分，无论在生产还是在科学研究中，它都是提供初始数据的必要方法。

评价一种催化剂的优劣通常要考察 3 个指标，即活性、选择性及使用寿命。活性一般由反应物料的转化率来衡量；选择性是指目标产物占所有产物的比例；使用寿命是指催化剂能维持一定的转化率和选择性所用的时间。一种好的催化剂必须同时满足上述 3 个条件。其中活性是基本前提，只有在达到一定的转化率时才能追求其他高指标。选择性可直接影响到后续分离过程及经济效益。至于催化剂的使用寿命，人们当然希望它越长越好，但因在反应过程中，催化剂会出现不同程度的物理及化学变化，如中毒、结晶颗粒长大、结炭、流失、机械强度降低等，使催化剂部分或全部失去活性。在工业生产上，一般催化剂使用寿命为半年或一年，甚至两年，对某些贵金属催化剂还要考虑回收及再生等问题。

开发一种新型催化剂需要做很多工作，如催化剂的制备方法、组成和结构等对其活性及选择性均有影响，而且同一种催化剂在不同的反应条件下得到的结果也是不同的。所以，催化剂的评价是复杂而细致的工作。一般起步于实验室的微型反应装置，在不同反应条件下考察单程转化率及选择性，对实验结果较好的催化剂再进行连续运行考察寿命，根据需要进行逐级放大。在放大过程中还必须考虑传质、传热过程，为设计工业生产反应器提供工艺及工程数据。当然开发新催化剂不应仅限于评价工作，还应同时研究它的反应动力学机制、失活原因等，为催化剂的制备提供信息。总之，开发一种性能良好的催化剂需要一个漫长的过程。

催化剂的实验评价装置多种多样，但大致包括进料、反应、产品接受和分析等几部分。对于一些单程转化率不高的反应，物料需要进行循环。装置中要用到各种阀门、流量计以及控制液体流量的计量泵。控制温度常用精密温度控制仪及程序升温仪等。产物的接收常用各种冷浴，如冰、冰盐、干冰-丙酮、液氮及电子冷阱等。反应器及管路材料视反应压力、温度及介质而定。管路通常还需加热保温。综上因素，一个简单的化学反应有时装置也较复杂。目前比较先进的实验室已广泛使用计算机控制，从而为研究人员提供了方便。

产品的分析是十分关键的环节，若不能给出准确的分析结果，其他工作都是徒劳的。目前在催化研究中，最普遍使用的是气相或液相色谱。所使用的色谱检测器，视产物的组成而定。热导池检测器多用于常规气体及产物组成不太复杂且各组分浓度较高的样品分析，氢火焰离子化检测器灵敏度高，适用于微量组分分析，主要用于分析碳氢化合物。对于组分复杂的产物常用毛细管柱分离。

既然甲醇脱水反应制备二甲醚的反应是在 γ-Al_2O_3 表面酸、碱位的协同作用下进行的，那么，γ-Al_2O_3 表面酸、碱的强度和酸、碱位的数量必然和反应性能有密切关系。因此，本实验还安排了用 NH_3-TPD 和 CO_2-TPD 方法测定 γ-Al_2O_3 表面酸、碱强度和酸、碱位数量。它们的基本原理是，先让 γ-Al_2O_3 吸附 NH_3 或 CO_2，然后在惰性气流中进行程序升温，与酸位结合的 NH_3 或与碱位结合的 CO_2 就会脱附出来。脱附峰对应的温度越高，表示酸（或碱）的强度越大；而脱附峰的面积则表示酸（或碱）位的数量多少。

【仪器与试剂】

1. 仪器

搅拌及恒温水浴；真空泵；电导仪；箱式高温炉；电子天平；气相色谱仪；积分仪；氢气发生器；TPD 装置 1 套。

2. 试剂

甲醇（分析纯或化学纯）；高纯 N_2；自制 γ-Al_2O_3 催化剂；$NaAlO_2$（分析纯）；浓盐酸（分析纯）；NH_3-He 混合气；高纯 He（99.99%）。

【实验步骤】

1. γ-Al_2O_3 的制备

（1）先用量筒配制体积比为 1∶5 的盐酸 200 mL。

（2）称取 8 g $NaAlO_2$，溶于 150 mL 去离子水中，使之充分溶解，如有不溶物可加热搅拌。

（3）将配置好的 $NaAlO_2$ 溶液置于 70 ℃恒温水浴中，搅拌，慢慢滴加配制好的盐酸溶液。控制滴加速率为 1 滴/10 s，约滴加 55 mL 盐酸，测量 pH 值为 8.5～9 时，即达到终点（控制 pH 值很重要）。

（4）继续搅拌 5 min，在 70 ℃水浴中静置老化 0.5 h。过滤、洗涤沉淀直至无 Cl^-（滤

液电导值在 $50\Omega^{-1}$ 以下)。

(5)将沉淀于烘箱内在 120 ℃以下烘干 8 h 以上。

(6)在 450 ~ 550 ℃煅烧 2 h。

(7)称量所得 $\gamma-Al_2O_3$ 的质量。

2. $\gamma-Al_2O_3$ 的活性评价

反应装置如图 3.10 所示。甲醇由 N_2 带入反应器,在 a、b 两点分别取样,分析甲醇被带入量及产物组成。冰浴中收集到的组分是反应生成的部分水。在常温下二甲醚呈气体状态,存在于反应尾气中。

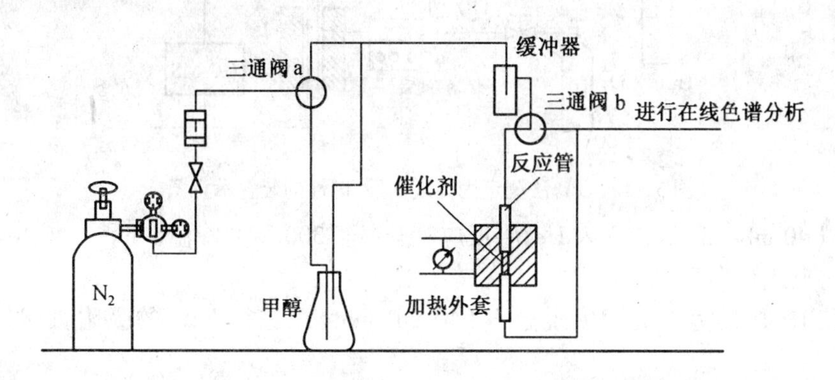

图 3.10 由甲醇合成二甲醚反应装置流程示意图

(1)压片

将 $\gamma-Al_2O_3$ 粉末在压片机上以 500 MPa 压力压成圆片,再破碎、过筛,选取 40 ~ 60 目筛分备用(预习时完成)。

(2)装柱

将 1 g 催化剂装填于反应管内,并将反应管与管路连接好。

(3)通载气

打开 N_2 瓶,选择三通阀 a 的位置,使 N_2 不通过甲醇瓶而直接进入反应器,控制 N_2 气流量为 40 mL/min。开启加热电源,使反应管升温至 250 ℃,切换三通阀 a,使 N_2 将甲醇带入反应器,开始反应。计算空速、线速及接触时间。

(4)色谱分析

①分析条件。检测器 TCD;色谱柱 GTX-403,长 2 m;载气 H_2,40 mL/min;柱温 80 ℃;桥流 150 mA;汽化温度 160 ℃。

②分析步骤。(在反应前完成)先通载气,待载气流量达规定值时,打开色谱仪总电源,再启动色谱室。然后接通汽化器电源,待柱温升到 80 ℃并稳定后,打开热导池电流开关,将桥流调至规定值。

(5)数据处理

待反应进行一段时间后,通过切换三通阀 b 用色谱仪分别分析反应尾气和原料气,由分析结果可计算出甲醇的转化率及选择性。每个取样点取两个平行数据。

(6)平行实验

将反应管升温至 400 ℃继续反应,待温度稳定 0.5 h 后,再取一组样。每点仍取两个平行数据。

(7)停止反应

将三通阀转向，断开甲醇通路，关闭加热电源，2 min 后关闭 N_2，同时将色谱仪关闭（按与开机相反的顺序操作）。

3. γ-Al_2O_3 表面酸性测量

(1)让色谱仪处于备用状态。

(2)将 0.1 g γ-Al_2O_3（实验步骤 1 中筛分好的）置入反应管，如图 3.11 所示。

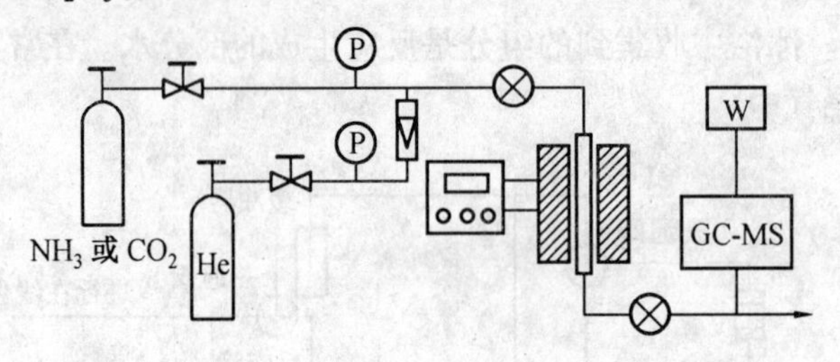

图 3.11　TPD 法测定固体表面酸、碱性的装置示意图

(3)以 40 mL/min 流速通入 He，将反应管升温至 300 ℃并降温 1 h。

(4)将反应管降至室温。

(5)将 He 切换为 NH_3-He 混合气（40 mL/min）以进行 NH_3 的吸附，此过程持续 20 min。

(6)将 NH_3-He 切换为 He（40 mL/min）进行吹扫直至色谱仪检测器基线稳定。

(7)由室温以 10 ℃/min 的速度进行程序升温（至 800 K 左右），同时用色谱仪记录升温曲线。

4. γ-Al_2O_3 表面碱性测定

将上述酸性测量实验中的 NH_3-He 混合气更换为 CO_2。其他同上。

【数据处理】

(1)计算 γ-Al_2O_3 的收益率并分析可能造成损失的原因。

(2)记录装填催化剂的质量、体积、氮气流速（mL/min）、室温和反应恒温时间。

(3)计算甲醇在氮气中的体积分数，并计算空速、线速及接触时间。

(4)记录在两种不同温度下甲醇及二甲醚的色谱峰面积，分别计算甲醇的转化率，并比较温度对活性和选择性的影响。

(5)与其他同学的实验结果进行对照，定性讨论反应性能与 γ-Al_2O_3 表面酸、碱强度和酸、碱中心数量之间的关系。

【讨论】

(1) γ-Al_2O_3 的 L 酸、B 酸中心是如何产生的？

(2) γ-Al_2O_3 为何可以提高甲醇脱水生成二甲醚的反应速率？

(3)反应温度和压力对二甲醚的产出率有何影响？

(4)对实验改进有哪些设想和建议？

第4篇　精细化学品实验

实验37　洗衣粉中表面活性剂的分析

【实验目的】

1. 学习液-固萃取法从固体试样中分离表面活性剂。
2. 学习表面活性剂的离子型鉴定方法。
3. 了解表面活性剂表面张力的测定方法。

【实验原理】

表面活性剂是一种非常重要的化工产品,它的应用几乎渗透到所有技术经济部门,世界上表面活性剂总产量约20%用于洗涤剂工业,它是洗涤剂中主要活性成分之一,它的种类、含量直接影响洗涤剂的质量和成本。因此,本实验旨在通过洗衣粉中表面活性剂的分析,使学生初步了解表面活性剂的分离、分析方法。

1. 表面活性剂的分离

洗衣粉除了以表面活性剂为主要成分外,还配加有三膦酸钠、纯碱、羧甲基纤维素等无机和有机助剂以增强去污能力,防止织物的再污染等。因此要将表面活性剂与洗衣粉中的其他成分分离开来,通常采用的方法是液-固萃取法。可用索氏萃取器(Soxhlet's extactor)连续萃取,也可用回流方法萃取。萃取剂可视具体情况选用95%的乙醇、95%的异丙醇、丙酮、氯仿或石油醚等。

2. 表面活性剂的离子型鉴定

表面活性剂的品种繁多,但按其在水中的离子形态可分为离子型表面活性剂和非离子型表面活性剂两大类。前者又可分为阴离子型、阳离子型和两性型三种。利用表面活性剂的离子型鉴别方法可以快速、简便地确定试样的离子类型,有利于范围限定,指示分离、分析方向。

确定表面活性剂离子型的方法很多,在此介绍最常用的酸性亚甲基蓝试验。染料亚甲基蓝溶于水而不溶于氯仿,它能与阴离子表面活性剂反应生成可溶于氯仿的蓝色络合物,从而使蓝色从水相转移到氯仿相。本法可以鉴定除皂类之外的其他广谱阴离子表面活性剂。非离子型表面活性剂不能使蓝色转移,但会使水相发生乳化;阳离子表面活性剂虽然也不能使蓝色从水相转移到氯仿相,但利用阴阳离子表面活性剂的相互作用,可以用间接法鉴定。

【仪器与试剂】

1. 仪器

100 mL 烧瓶;25 mL 烧杯;5 mL 带塞小试管;冷凝管;蒸馏头;接收管;沸石;水浴;研钵;天平等。

2. 试剂

95%乙醇;无水乙醇;四氯化碳;四甲基硅烷;亚甲基蓝试剂;氯仿;阴阳离子表面活性剂对照液。

【实验步骤】

1. 表面活性剂的分离

(1)安装水浴装置。取一定量的洗衣粉试样于研钵中研细,然后称取 2 g 放入100 mL 烧杯中,加入 30 mL 乙醇。安装好回流装置,打开冷却水,用水浴加热,保持回流15 min。

(2)撤去水浴。在冷却后取下烧瓶,静置几分钟,待上层液体澄清后,将上层提取的清液转移到 100 mL 烧瓶中(小心倾倒或用滴管吸出)。

(3)提取液合并。重新加入 20 mL 95% 的乙醇,重复上述回流和分离操作,两次提取液合并。

(4)在合并的提取液中放入几粒沸石,搭装好蒸馏装置。用水浴加热,将提取液中的乙醇蒸出,直至烧瓶中残余 1 ~2 mL 为止。

(5)将烧瓶中的蒸馏残余物定量转移到干燥并已称量过的 25 mL 烧杯中。

(6)将小烧杯置于红外灯下,烘去乙醇,称量并计算表面活性剂的百分含量。计算公式如下

$$\text{洗衣粉中表面活性剂的含量}=(m_2-m_1)/Q\times100\%$$

式中 Q——称取的洗衣粉的量,g;

m_1——空烧杯的质量,g;

m_2——装有表面活性剂的烧杯质量,g。

2. 表面活性剂的离子型鉴定

(1)已知试样的鉴定

①阴离子表面活性剂的鉴定。取亚甲基蓝溶液和氯仿各约 1 mL,置于一带塞的试管中,剧烈振荡,然后放置分层,氯仿层无色。将含量约 1% 的阴离子表面活性剂试样逐滴加入其中,每加一滴剧烈振荡试管后静置分层,观察并记录现象,直至水相层无色,氯仿层呈深蓝色。

②阳离子表面活性剂的鉴定。在上述实验的试管中,逐滴加入阳离子表面活性剂(含量 1%),每加一滴剧烈振荡试管后静置分层,观察并记录两相的颜色变化,直至氯仿层的蓝色重新全部转移到水相。

③非离子表面活性剂的鉴定。另取一带塞的试管,依次加入亚甲基蓝溶液和氯仿各约 1 mL,剧烈振荡,然后放置分层,氯仿层无色。将含量约 1% 的非离子表面活性剂试样逐滴加入其中,每加一滴剧烈振荡试管后静置分层,观察并记录两相颜色和状态的变化。

(2) 未知试样的鉴定

①取少许从洗衣粉中提取的表面活性剂，溶于2～3 mL蒸馏水中，按上述办法进行鉴定和判别其离子类型。

②取适量(约10 mg)洗衣粉溶于5 mL蒸馏水中作试样，重复上述操作，观察和记录现象。以考察洗衣粉中的其他助剂对此鉴定是否有干扰。

【讨论】

(1) 为什么用回流法进行液-固萃取时，烧瓶内可不加沸石？蒸馏时是否也可不加沸石？

(2) 本实验是否可用索氏萃取器提取洗衣粉中的表面活性剂？试将回流法与其作一比较。

实验 38　洗洁精的配制

【实验目的】

1. 掌握洗洁精的配制方法。
2. 了解洗洁精各组分的性质及配方原理。

【实验原理】

1. 主要性质及用途

洗洁精又叫餐具洗涤剂或果蔬洗涤剂,洗洁精是无色或淡黄色透明液体,主要用于洗涤碗碟和水果蔬菜。特点是去油腻性好、简易卫生、使用方便。洗洁精是最早出现的液体洗涤剂,产量在液体洗涤剂中居第二位,世界总产量为 2×10^9 吨/年。

2. 配制原理

设计洗洁精的配方结构时,应根据洗涤方式、污垢特点、被洗物特点以及其他功能要求,具体可归纳为以下几条。

(1)基本原则

① 对人体安全无害

② 能较好地洗净并除去动植物油垢,即使对黏附牢固的油垢也能迅速除去。

③ 清洗剂和清洗方式不损伤餐具、灶具及其他器具。

④ 用于洗涤蔬菜和水果时,应无残留物,也不影响其外观和原有风味。

⑤ 手洗产品发泡性良好。

⑥ 消毒洗涤剂应能有效地杀灭有害菌,而不危害人的安全。

⑦ 产品长期贮存稳定性好,不发霉变质。

(2)配方结构特点

① 洗洁精应制成透明状液体,要设法调配成适当的浓度和黏度。

② 设计配方时,一定要充分考虑表面活性剂的配方效应,以及各种助剂的协同作用。如阴离子表面活性剂烷基聚氧乙烯醚硫酸酯盐与非离子表面活性剂烷基聚氧乙烯醚复配后,产品的泡沫性和去污能力均好。配方中加入乙二醇单丁醚,则有助于去除油污。加入月桂酸二乙醇酰胺可以增泡和稳泡,可减轻对皮肤的刺激,并可增加介质的黏度。羊毛脂类衍生物可滋润皮肤,调整产品黏度主要使用无机电解质。

③ 洗洁精一般都是高碱性,主要为提高去污能力和节省活性物,并降低成本。但 pH 值不能大于 10.5。

④ 高档的餐具洗涤剂要加入釉面保护剂,如醋酸铝、甲酸铝、磷酸铝酸盐、硼酸酐及其混合物。

⑤加入少量香精和防腐剂。

(3)主要原料

洗洁精都是以表面活性剂为主要活性物配制而成的,手工洗涤用的洗洁精主要使用烷基苯磺酸盐和烷基聚氧乙烯醚硫酸盐,其活性物含量为10% ~15%。表4.1为洗洁精配方。

表4.1 洗洁精配方

名称	配方1	配方2	配方3	配方4
ABS-Na(30%)		16.0	12.0	16.0
AES(70%)	16.0		5.0	14.0
尼诺尔(70%)	3.0	7.0	6.0	
烷基酚聚氧乙烯醚OP-10(70%)		8.0	8.0	2.0
EDTA	0.1	0.1	0.1	0.1
乙醇		6.0	0.2	
甲醛			0.2	
三乙醇胺				4.0
二甲基月桂基氧化胺	3.0			
二甲苯磺酸钠	5.0			
苯甲酸钠	0.5	0.5		0.5
氯化钠	1.0			1.5
香精、硫酸	适量	适量	适量	适量
去离子水	加至100	加至100	加至100	加至100

【仪器与试剂】

1.仪器

电炉;水浴锅;电动搅拌器;温度计(0~100)℃;烧杯(100 mL、150 mL);量筒(10 mL、100 mL);托盘天平;滴管;玻璃棒。

2.试剂

十二烷基苯磺酸钠(ABS-Na);脂肪醇;聚氧乙烯醚;硫酸钠;椰子油酸二乙醇酰胺;壬基酚聚氧乙烯醚;乙二胺四乙酸钠(EDTA);三乙醇胺;pH试纸;苯甲酸钠;氯化钠;硫酸;甲醛;乙醇;香精。

【实验步骤】

(1)将水浴锅中加入水并加热,烧杯中加入去离子水,加热至60 ℃左右。

(2)加入十二烷基醇醚硫酸钠(AES)并不断搅拌至全部溶解,此时水温要控制在(60~65)℃。

(3)保持温度为(60~65)℃,在连续搅拌下加入其他表面活性剂,搅拌至全部溶解为止。

(4)降温至40 ℃以下,加入香精、防腐剂、螯合剂及增溶剂,搅拌均匀。

(5)测溶液的pH值,用硫酸调节pH值至9~10.5。

(6)加入食盐调节到所需黏度。调节之前应把产品冷却到室温或测黏度时的标准温度,调节后即为成品。

【注意事项】

(1)AES 应慢慢加入水中。

(2)AES 在高温下极易水解,因此溶解浓度不可超过 65 ℃。

【讨论】

(1)配制洗洁精有哪些原则?

(2)洗洁精的 pH 值应控制在什么范围?为什么?

实验 39 巯基乙酸铵冷烫液的制备和应用

【实验目的】

1. 了解冷烫液和固定液的作用原理。
2. 掌握冷烫液和固定液的制备原理和操作方法。
3. 掌握巯基乙酸铵含量的测定方法。

【实验原理】

巯基乙酸铵也称硫代乙醇酸铵，分子式为 $HSCH_2COONH_4$，是化学冷烫液的主要成分，其制备方法有硫脲法、多硫化钠还原法、硫氢化钠直接加压合成法等。其中硫氢化钠直接加压合成法效率最高，成本最低，但需要加压和惰性气体存在等条件。本实验只介绍生产条件较易实现的硫脲法中的钡盐水解法，这是目前国内使用最普遍的一种方法。

这种方法的原理是，首先让氯乙酸与碳酸钠中和制氯乙酸钠

$$2ClCH_2COOH + NaCO_3 \longrightarrow 2ClCH_2COONa + H_2O + CO_2\uparrow$$

然后让氯乙酸钠进一步与硫脲反应

$$ClCH_2COONa + (H_2N)_2CS \longrightarrow (HN{=})(H_2N)C{-}S{-}CH_2COOH\downarrow + NaCl$$

产物再与氢氧化钡反应生成钡盐沉淀

$$2\left[(HN{=})(H_2N)C{-}S{-}CH_2COOH\right] + 2Ba(OH)_2 \longrightarrow Ba\begin{matrix}SCH_2COO\\SCH_2COO\end{matrix}Ba\downarrow + 2NH_2CONH_2 + 2H_2O$$

最后钡盐沉淀与碳酸氢铵发生复分解反应而制得硫代乙醇酸铵：

$$Ba\begin{matrix}SCH_2COO\\SCH_2COO\end{matrix}Ba + 2NH_4HCO_3 \longrightarrow 2HSCH_2COONH_4 + 2BaCO_3\downarrow$$

人的头发主要由水不溶性的角蛋白构成（约占95%），由于其中胱氨酸含量很高，而胱氨酸又是一种含二硫键的氨基酸，这些氨基酸按头发的长轴方向通过肽键（酰胺键）结合成多肽链，肽链间通过盐键、氢键和二硫键等各种侧链键结合在一起，形成网状结构。这些键的作用使头发呈一定形状，且具有一定强度。要使头发卷曲、定型，必须打断侧链键。氢键、盐键遇水就可以断裂，而二硫键强度较大，只有用热或化学物质才能切断。当二硫键被切断后，头发就变得柔软，非常容易卷成任意形状。目前使用的卷发剂原料是巯基乙酸铵，巯基乙酸铵在碱性条件下经过一定时间使头发膨胀，被卷曲成任何形状，反应过程大致如下

$$K-S-S-K+2HSCH_2COONH_4 \longrightarrow 2K-SH+\begin{matrix} S-CH_2COONH_4 \\ | \\ S-CH_2COONH_4 \end{matrix}$$

胱氨酸　　　巯基乙酸铵　　　　　半胱氨酸　　双硫代乙酸胺

式中　K——角蛋白的多肽链。

该过程是还原过程，待头发卷曲成型后，可用氧化剂（固定液）或借助空气中的氧，把断开的二硫键重新接上，形成新的二硫键

$$2K-SH+\frac{1}{2}O_2 \longrightarrow K-S-S-K+H_2O$$

即氧化剂使半胱氨酸重新氧化成胱氨酸，使头发又恢复原来的刚韧性，从而使被卷曲的形状固定下来。由于巯基乙酸犹如一个二元酸，其中有 COOH 和 SH 基，这样在碱性条件下更能表现出其“强酸性”，使其充分发挥还原作用。冷烫效果受 pH 值影响，pH 值为 7 时效果不好，太高则损伤头发，根据经验 pH 值一般控制在 9.0～9.5。为了提高冷烫效果，可在卷发剂中添加一些辅助原料，如表面活性剂、中和剂、香精、色素等，使卷发剂与头发之间的亲和力增大，接触均匀，减少用量，减轻对头皮的刺激，增加美感，提高卷发效果。

【仪器与试剂】

1. 仪器

电动搅拌器；台秤；恒温水浴锅；烧杯（100 mL、200 mL）；锥形瓶（250 mL）；移液管（2 mL）；量筒（10 mL、50 mL）；抽滤装置；滴定装置；电热恒温箱。

2. 试剂

氯乙酸 5.0 g（0.053 mol）；碳酸钠 2.8 g（0.027 mol）；硫脲 5.0 g（0.066 mol）；氢氧化钡[$Ba(OH)_2 \cdot 8H_2O$] 16.8 g（0.053 mol）；碘标准溶液；碳酸氢铵 17.5 g；氨水溶液（1+1）；双氧水（27%）；柠檬酸；酒石酸；盐酸溶液（1+3）；5 g/L 淀粉指示剂；三乙醇胺；聚酰胺（低相对分子质量）；十二烷基苯磺酸钠。

【实验步骤】

1. 巯基乙酸铵的制备

（1）称取氯乙酸 5.0 g 于 100 mL 烧杯中，加入 10 mL 蒸馏水，搅拌使氯乙酸全部溶解，缓慢加入碳酸钠进行中和反应，加入速度以不使反应产生大量气体使氯乙酸溶液溢出为宜。当产生的泡沫减少时，用 pH 试纸测试溶液的 pH 值，直到 pH 值达到 7～8 为止，静置澄清。

（2）称取硫脲 5.0 g 于 100 mL 烧杯中，加入 18 mL 蒸馏水，加热到 70 ℃左右搅拌至完全溶解后，在搅拌下加入上面制得的氯乙酸钠溶液，水浴加热到 80 ℃，并不断搅拌，反应 30 min。抽滤出产生的白色沉淀，并用少量水洗两次。

（3）称取氢氧化钡 16.8 g 于 200 mL 烧杯中，加入 45 mL 蒸馏水，加热搅拌使之全部溶解，加入上述白色沉淀，在 70 ℃下反应 1 h，期间进行间歇搅拌，使沉淀物完全转化为巯基乙酸钡盐。趁热过滤，用蒸馏水洗涤沉淀物 3～5 次，抽滤吸干，得白色二硫代二乙酸钡

白色粉状物。

(4)称取碳酸氢铵10 g于100 mL烧杯中,加入30 mL蒸馏水,开动电动搅拌器,同时将二硫代二乙酸钡分散投入,再搅拌10 min,静置1h后过滤,得到玫瑰红色滤液,即为巯基乙酸铵溶液。此时,巯基乙酸铵含量一般在13%~14%,可得30~40 mL产品。

(5)称取碳酸氢铵7.5 g于100 mL烧杯中,加入10 mL蒸馏水,将(4)的滤渣加入,搅拌均匀,静置1h,过滤可得10 mL左右巯基乙酸铵溶液,含量为4%~5%,滤渣可回收[1]。

(6)记录产品的外观[2]、体积。

2. 巯基乙酸铵含量的测定[3]

准确吸收2 mL待测溶液于250 mL锥形瓶中,加入20 mL蒸馏水,摇匀后,再加入5 mL1+3的盐酸溶液,3 mL(5 g/L)淀粉指示剂,用碘标准溶液[$c(1/2I_2)=0.1$ mol/L]滴定至溶液为淡蓝色,即为终点。记下所耗碘标准溶液的体积(mL),由下式计算巯基乙酸铵的含量

$$X(\text{g/mL})=V=\frac{cV\times 109.2}{A\times 1\,000}\times 100$$

式中 X——巯基乙酸铵的含量,g/100 mL;

V——试液所耗碘标准溶液体积, mL;

c——碘标准溶液的浓度, mol/L;

A——试液的体积, mL;

109.2——巯基乙酸铵的摩尔质量,g/mol。

3. 计算产率

计算产率公式为

$$\text{产率}=\frac{\text{产品含量}\times\text{产品体积}}{\text{理论产量}}\times 100\%$$

4. 卷发剂的配制

单纯使用巯基乙酸铵虽然可以达到使头发卷曲的效果,但不够理想,卷曲的头发无弹性,不持久。为了达到较好的效果,必须配一些助剂,下面是效果较好的一种配方。

将巯基乙酸铵(10%)7.5份在不断搅拌下加入氨水,调节冷烫液pH值至9.3为止,然后顺序加入三乙醇胺0.3份,低相对分子质量聚酰胺(或高黏度羧甲基纤维素)0.002份,十二烷基苯磺酸钠(或用高级洗衣粉代替,高级洗衣粉中其含量约30%)0.004份,搅拌10 min,最后加蒸馏水1.7份后充分混合后装瓶密封,保存于阴凉避光处备用[4](此外也可加入少量香精增加香味)。

5. 定型剂[5]的配制

取柠檬酸1 g,酒石酸0.5 g溶于水,4 mL双氧水(30%)稀释一倍后在100 mL的烧杯中将它们混合加水到总量为50 mL后搅匀即可。

6. 冷烫液的使用

准备数根直的头发,在头发与手之间垫一张塑料薄膜,然后用刷子或棉花蘸取冷烫液涂刷在头发上,再用卷发筒(或玻璃棒)将头发卷起来,用塑料薄膜将头发密封起来,再用橡皮筋固定,于70 ℃烘箱中保温。15 min后打开塑料薄膜,在头发上刷上固定液,刷完

5 ~ 10 min 后即可清洗。检查头发弯曲程度。

【注释】

[1]滤渣主要为 $BaCO_3$,有毒,回收于指定容器中。

[2]纯净的巯基乙酸铵溶液为无色,含有其他还原性物质如铁、锰等金属离子时为玫瑰红色溶液。

[3]由于碘可以将巯基乙酸铵还原为二硫代醇酸。

$$2HSCH_2CONH_4 + I_2 + 2HCl \longrightarrow \begin{array}{l} SCH_2COOH_2 \\ | \\ SCH_2COOH_2 \end{array} + 2HI + 2NH_4Cl$$

因此,可以用碘量法来测定产物中巯基乙酸铵的含量。

[4]化学卷发剂的理化感官指标要求见表 4.2。

表 4.2　化学卷发剂的理化感官指标要求(QB/T 2285—1997)

<table>
<tr><th>指标名称</th><th colspan="2">规　定</th></tr>
<tr><td>外观</td><td colspan="2">水剂:清晰透明液体(允许微有沉淀)
乳剂:乳状液体(允许轻微分层)</td></tr>
<tr><td>气味</td><td colspan="2">略有氨的气味</td></tr>
<tr><td>pH 值</td><td colspan="2"><9.8</td></tr>
<tr><td>游离氨含量/(g · mL⁻¹)</td><td colspan="2">≥0.005 0</td></tr>
<tr><td rowspan="2">巯基乙酸含量/(g · mL⁻¹)</td><td>热敷</td><td>不热敷</td></tr>
<tr><td>0.068 0 ~ 0.117 4</td><td>0.080 0 ~ 0.117 5</td></tr>
</table>

[5]定型剂又名固定液,使用定型剂后可使卷曲的头发长期保持发型不变,其效果比用空气定型好,保持时间长。定型剂也有多种配方,本实验只介绍其中一种,因为定型剂的主要成分为过氧化物,放久了易失效,所以最好在配好后近期内使用。

【讨论】

(1)化学冷烫剂卷发的基本原理是什么?

(2)硫脲-钡盐水解法制巯基乙酸铵需用哪些原料?是否有腐蚀性和毒性?试验中如何对待?其中 $Ba(OH)_2$ 的消耗量较大,有解决的方法吗?

(3)目前卷发剂的品种有哪些。

(4)其他定型剂的配制方法。

实验 40　雪花膏的配制及性能测试

【实验目的】

1. 了解雪花膏的配方和生产工艺。
2. 根据所学过的基本实验技术和本实验要求设计合理的实验装置。
3. 掌握产品性能分析方法。

【实验原理】

1. 主要性质

雪花膏是白色膏状乳剂类化妆品。乳剂是指一种液体以极细小的液滴分散于另一种互不相溶的液体中所形成的多相分散体系。雪花膏涂在皮肤上,遇热容易消化,因此被称为雪花膏。

2. 配制原理和护肤机理

雪花膏通常是以硬脂酸皂为乳化剂的水包油型乳化体系。水相中含有多元醇等水溶性物质,油相中含有脂肪酸、长链脂肪醇、多元醇脂肪酸酯等非水溶性物质。当雪花膏被涂于皮肤上,水分挥发后,吸水性的多元醇与油性组分共同形成一个控制表皮水分过快蒸发的保护膜,它隔离了皮肤与空气的接触,避免皮肤在干燥环境中由于表皮水分过快蒸发导致的皮肤干裂,也可以在配方中加入一些可被皮肤吸收的营养性物质。

多年来,雪花膏的基础配方变化不大,它包括硬脂酸皂(3.0% ~7.5%)、硬脂酸(10% ~20%)、多元醇(5% ~20%)、水(60% ~80%)。配方中,一般控制碱的加入量,使皂的比例占全部脂肪酸的 15% ~25%。

我国轻工业部雪花膏的标准是:理化指标要求包括膏体耐热、耐寒稳定性,微碱性 pH≤8.5,微酸性 pH 值为 4.0 ~7.0;感官要求包括色泽、香气和膏体结构(细腻,擦在皮肤上应润滑、无面条状、无刺激)。

【仪器与试剂】

1. 仪器

烧杯(250 mL);电动搅拌器;温度计;显微镜;托盘天平;电炉;水浴锅。

2. 试剂

硬脂酸;单硬脂酸甘油酯;十六醇;甘油;氢氧化钾;香精;防腐剂;精密 pH 试纸。

3. 雪花膏参考配方(*w*/%)

硬脂酸	10.0%	单硬脂酸甘油脂	1.5%
十六醇	3.0%	甘油	10.0%
氢氧化钾(100%)	0.5%	香精	适量
防腐剂	适量	水	75%

【实验步骤】

1. 制备过程

先将配方中的硬脂酸、单硬脂酸甘油脂、十六醇、甘油等一起加热至 90 ℃(油相),碱和水加热至 90 ℃(水相),然后在剧烈搅拌下将水相徐徐加入油相中,全部加完后保持此温度一段时间进行皂化反应。添加香精、防腐剂后在乳化器中搅拌 5 ~ 10 min,冷到 30 ℃以下,放入容器中。

2. 性能测试

(1)产品感观评定:颜色、气味。

(2)乳化体类型测定方法

A:产品易与矿物油相混合(W/O),还是易与水相混合(O/W);

B:产品涂在表面皿上约 1.6 mm 高,面积约 6.5 cm^2 的薄膜,在薄膜不同部位撒上研磨过的油溶性染料和水溶性染料,油溶性染料扩展为 W/O 型,水溶性染料扩展为 O/W 型。

pH 值:用精密 pH 试纸或 pH 计测定。

(3)稳定性试验

A. 耐热指标:40±1 ℃,24 h 膏体无油水分离。

耐热实验:电热恒温箱调至 40±1 ℃,试样移入离心试管中,高度为试管高的三分之一,用软木塞塞紧试管口,入恒温箱恒温 24 h 取出观察。

B. 耐寒指标:-5 ~15 ℃,24 h 后恢复室温膏体无油水分离。

耐寒试验:冰箱调至-5 ~15 ℃,将包装完整的试样一瓶放入冰箱 24 h,恢复室温观察。

C. 离心试验:将 7 mL 待测液灌入 10 mL 离心管中,用软木塞塞好,放入 38±1 ℃的恒温箱中,1 h 后取出移入离心机,在 2 000 r/min 转速下,旋转 30 min,取出观察,有无分层现象。

【讨论】

(1)配方中各组分的作用是什么?

(2)配方中硬脂酸的皂化百分率是多少?

(3)配制雪花膏时,为什么必须两个烧杯中药品分别配制后再混合到一起?

实验41　十二烷基二甲基苄基氯化铵的制备

【实验目的】

1. 了解季铵盐型阳离子表面活性剂的性质和用途,并掌握其合成原理和方法。
2. 掌握界面张力仪,罗氏泡沫仪的使用方法及产品含量的测定方法。

【实验原理】

1. 主要性质和用途

十二烷基二甲基苄基氯化铵又称匀染剂TAN、DDP、洁尔灭、1227表面活性剂等。产品为无色或淡黄色液体,易溶于水,不溶于非极性溶剂,属季铵盐型阳离子表面活性剂。

在结构上,季铵盐型阳离子表面活性剂是用有机基团取代了铵离子的四个氢原子后所形成的阳离子表面活性剂。它比铵盐型阳离子表面活性剂稳定,在酸性、中性或碱性条件下均可使用。它除具有表面活性外,其水溶液有很强的杀菌能力,因此常用作消毒剂、杀菌剂。其还具有阳离子表面活性剂容易吸附的特性,有常用作矿物浮选剂、织物柔软剂、抗静电剂、颜料分散剂、匀染剂,以及循环冷却水的水质稳定剂等。

2. 合成原理

本实验以十二烷基二甲基叔胺为原料,氯化苄为烷化剂来制备。其反应式如下

$$C_{12}H_{25}-\overset{\overset{\large CH_3}{|}}{N}-CH_3 + C_6H_5CH_2Cl \longrightarrow \left[C_{12}H_{25}-\underset{\underset{\large CH_3}{|}}{\overset{\overset{\large CH_3}{|}}{N}}-CH_2-C_6H_5\right]^+ Cl^-$$

【仪器与试剂】

1. 试剂

十二烷二甲基叔胺44 g;氯化苄24 g。

2. 仪器

电动搅拌器;电热套;温度计(0~100 ℃)球形冷凝管;三口烧瓶(250 mL);烧杯(100 mL、250 mL);界面张力仪;罗氏泡沫仪。

【实验步骤】

1. 合成

在装有搅拌器;温度计和球形冷凝管的250 mL三口烧瓶[1]中;加入44 g十二烷基二甲基叔胺和24 g氯化苄;搅拌并升温至90~100 ℃;恒温反应2 h;成品为白色粘稠液体。

2. 测定[2]

测定产品十二烷基二甲基苄基氯化铵的含量，测定方法参见中华人民共和国行业标准 HG 2230—1991。测定其表面张力和泡沫性能。

3. 计算产率

产率 =（十二烷基二甲基苄基氯化铵的实际产量/理论产量）×100%

【注释】

[1]为了计算产量，反应前后空三口瓶应称重。

[2]分析测试时应细心，界面张力仪和罗氏泡沫仪均为精密仪器，使用时要特别注意操作方法。

【讨论】

(1)季铵盐型与铵盐阳离子表面活性剂的性质有何区别？

(2)季铵盐型阳离子表面活性剂常用的烷化剂有哪些？

(3)试述季铵盐型阳离子表面活性剂的工业用途。

(4)简述表面活性剂发展的趋势。

实验42　纯丙外墙乳胶漆的制备

【实验目的】

1. 熟悉乳胶漆的制备方法。

2. 了解各种助剂在乳胶漆中所起的作用。

【实验原理】

乳胶漆是水性漆的一种，以高分子聚合物的乳液胶体为基本涂料，加有色浆、填充剂、乳化剂、防腐剂、增塑剂、分散剂等，漆的固含量有40% ~80%不等。有平光、半光、有光、防锈漆等。常见品种有醋酸乙烯乳胶漆、丙烯酸酯乳胶漆、醋酸乙烯-丙烯酸共聚乳胶漆和苯丙乳胶漆等。纯丙乳胶漆保色耐候性最好，多用于建筑物外墙。

利用聚合物水乳液制备涂料有很多优点，由于水是最便宜的物质，又没有燃烧爆炸和中毒的危险，因此明显优于溶剂性涂料。同时，由乳液聚合法生产的乳胶直径很小，一般为0.05 ~1 μm，它们可以部分地渗入被处理物体的微观裂缝中去，这样可以达到良好的涂敷效果。在乳胶漆制备中需加入多种助剂，各种助剂对漆的质量会有一定影响。

【仪器与试剂】

1. 仪器

微粒球磨机；胶体磨；附着力测定仪；涂-4 黏度计；电炉；烧杯；漆涮。

2. 材料及试剂

马口铁；石棉水泥板；钛白；锌钡白；硫酸钡；滑石粉；瓷土；羟甲基纤维素；羟乙基纤维素；六偏磷酸钠；五氯酚钠；苯甲酸钠；亚硝酸钠；消泡剂；自制丙烯酸酯乳液。

【实验步骤】

1. 乳胶漆的制备配方（质量分数）/%

自制聚丙烯酸酯乳液	80	钛白	20
锌钡白	20	硫酸钡	40
滑石粉	10	瓷土	100
乙二醇	9	磷酸三丁酯	0.5
羟甲基纤维素	0.5	六偏磷酸钠	0.4
五氯酚钠	0.4	苯甲酸钠	0.4
亚硝酸钠	0.4	水	80

2. 制备工艺

按上述配方称取各组分放入烧杯中，充分摇匀，倒入胶体磨中研磨，反复三次出料。

测定上述乳胶液的黏度（用涂-4 黏度计）、细度（用刮板细度计）、pH 值、附着力。

【讨论】

(1)将实验结果填入下表。

数据记录表

项目名称	数值	项目名称	数值
黏度		细度	
pH 值		柔韧度	
附着力		耐冲击	

(2)分析掌握各种助剂在乳胶剂中所起的作用,讨论影响乳胶漆质量的因素有哪些?

实验43　黏度法测定聚合物的相对分子质量

【实验目的】

1. 牢固地掌握测定聚合物溶液黏度的实验技术。

2. 掌握黏度法测定聚合物相对分子质量的基本原理。

3. 测定聚乙烯醇水溶液的特性黏数,并计算所用聚乙烯醇的平均相对分子质量。

【实验原理】

在所有聚合物相对分子质量的测定方法中,黏度法尽管是一种相对的方法,但因仪器设备简单,操作便利,相对分子质量适用范围大,又有相当好的实验精确度,所以成为人们最常用的实验技术。黏度法除了主要用来测定黏均相对分子质量外,还可用于测定溶液中的大分子尺寸和聚合物的溶度参数等。

线性高分子溶液的基本特征之一是黏度比较大,并且其黏度值与平均相对分子质量有关,因此可利用这一特性测定其相对分子质量。

黏度除与相对分子质量有密切的关系外,对溶液浓度也有很大的依赖性,故实验中首先要消除浓度对黏度的影响,常以如下两个经验公式表达黏度对浓度的依赖关系

$$\eta_{sp}=[\eta]/c+k'[\eta]^2c \qquad (4.1)$$

$$\ln\eta_r/c=[\eta]-\beta[\eta]^2c \qquad (4.2)$$

式中　c ——溶液浓度;

k'、β ——常数;

η_{sp}——增比黏度;

η_r——相对黏度。

若以 η_0 表示溶剂的黏度,则

$$\eta_r=\eta/\eta_0 \qquad (4.3)$$

$$\eta_{sp}=(\eta-\eta_0)/\eta_0=\eta_r-1 \qquad (4.4)$$

显然

$$\lim_{c\to 0}(\ln\eta_r/c)=[\eta]$$

其中,$[\eta]$为聚合物溶液的特性黏数,和浓度无关。由此可知,若以 η_{sp}/c 和 $\ln\eta_r/c$ 分别对其作图,如图4.1所示,则它们外推到 $c\to 0$ 的截距应重合于一点,其值等于$[\eta]$。这也可用来检查实验的可靠性。

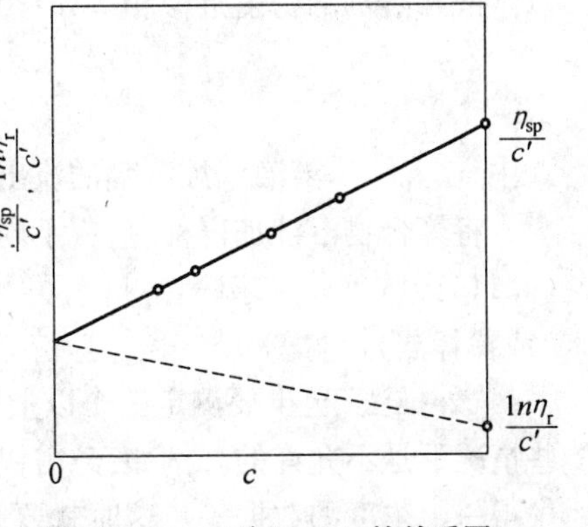

图4.1　η_{sp}/c 对 $\ln\eta_r/c$ 的关系图

当聚合物的化学组成、溶剂、温度确定后,$[\eta]$值只与聚合物的相对分子质量有关,常用下式表达这一关系

$$[\eta]=KM^a \qquad (4.5)$$

式中,K 和 a 为常数,其值和聚合物、溶剂、温度有

关,和相对分子质量的范围也有一定关系。

测定液体黏度的方法,主要可分为三类:①液体在毛细管里的流出;②圆球在液体里落下的速度;③液体在同轴圆柱体间对转动的影响。在测定聚合物的[η]时,以毛细管黏度计最为方便。液体在毛细管黏度计内因重力作用的流动,可用下式表示

$$\eta = (\pi hgR^4 \rho t/8lV) - (m\rho V/8\pi lt) \tag{4.6}$$

式中 h——等效平均液柱高;

g——重力加速度;

R——毛细管半径;

l——毛细管长度;

V——流出体积;

t——流出时间;

m——和毛细管液体流动有关的常数(近似等于1);

ρ——液体的密度。

式(4.6)右边的第一项是指重力消耗于克服液体的黏性流动,而第二项是指重力的一部分转化为流出液体的动能,此即毛细管测定液体黏度技术中的“动能改正项”。

令仪器常数

$$A=\pi hgR^4/8lV;\quad B=mV/8\pi l$$

则式(4.6)可简化为

$$\eta/\rho = At - B/t \tag{4.7}$$

式(4.7)代入式(4.3),得

$$\eta_r = \frac{\rho}{\rho_0} \times \frac{At-B/t}{At_0-B/t_0} \tag{4.8}$$

对于PMMA/CH_3COOH体系,实验数据表明,下述情况必须考虑动能改正,毛细管半径太粗,溶剂流出时间小于100 s;溶剂的比密黏度(η/ρ)太小。

由于动能改正对实验操作和数据处理都带来麻烦,所以只要仪器设计得当和溶剂选择合适,往往可忽略动能改正的影响,式(4.8)可简化为

$$\eta_r = \rho/\rho_0 \times At/At_0 = \rho t/\rho t_0 \tag{4.9}$$

又因为聚合物溶液黏度的测定,通常是在极稀的浓度下进行($c \leqslant 0.01\ g \cdot mL^{-1}$),所以溶液和溶剂的密度近似相等,$\rho \approx 0$。此时式(4.3)、(4.4)可改写为

$$\eta_r = t/t_0 \tag{4.10}$$

$$\eta_{sp} = \eta_r - 1 = (t-t_0)/t_0 \tag{4.11}$$

式中 t、t_0——溶液和纯溶剂的流出时间。

将聚合物溶液加以稀释,视不同浓度溶液的流出时间,通过式(4.1)、(4.2)、(4.10)、(4.11)经浓度外推求得[η]值,再利用式(4.5)计算黏均相对分子质量,此即为外推法(或稀释法)。

“外推法”至少要测定三个以上不同浓度下的溶液黏度,显得麻烦与费时,何况在某些情况下是不允许的。例如:急需快速知道结果;样品很少,不便稀释;操作中发生意外,仅得一个浓度的数据等。这时就要采用“一点法”,即只需测定一个浓度下溶液的黏度,即可得可靠的特性黏数[η]。在“一点法”中,首先要借助“外推法”得到式(4.1)、

式(4.2)中的k'和β值,然后在相同实验条件下测一个浓度下溶液的黏度,选择下列公式计算$[\eta]$值。

如$0.180 \leqslant k' \leqslant 0.472$,$k'+\beta=0.5$,一般指线型柔性高分子即良溶液体系,则

$$[\eta]=\frac{1}{c}\sqrt{2(\eta_{sp}-\ln\eta_s)} \tag{4.12}$$

若$0.472 \leqslant k' \leqslant 0.8253$,则

$$[\eta]=\eta_{sp}/c\sqrt{\eta_s} \tag{4.13}$$

若上述条件不符,则先求出$\gamma=k'/\beta$,再代入下式

$$[\eta]=\frac{\eta_{sp}+\gamma\ln\eta_r}{(1+\gamma)c} \tag{4.14}$$

【仪器与试剂】

1.仪器

三支管(乌氏)黏度计;恒温水浴;电接点温度计;搅拌器。

2.试剂

聚乙烯醇(n=588);聚乙烯醇(n=1 788);正丁醇(分析纯);丙酮(分析纯)。

【实验步骤】

1.玻璃仪器的洗涤

黏度计先用经砂芯漏斗过滤的水洗涤,把黏度计毛细管上端小球中存在的砂粒等杂质冲掉。抽气下,将黏度计吹干,再用新鲜温热的洗液滤入黏度计,然后用小烧杯盖好,防止尘粒落入。浸泡约2 h后倒出,用自来水(滤过)洗净,经蒸馏水(滤过)冲洗几次,倒挂干燥后待用。其他如容量瓶等也需经无尘洗净干燥。

一般放过聚合物溶液的仪器,应先以溶剂泡洗,洗去聚合物和吹干溶剂等有机物后,才可用洗液浸泡;否则有机物把洗液中的$K_2Cr_2O_7$还原,洗液将失效。在用洗液以前,仪器中的水分也必须吹干,否则水把洗液稀释,去污效果大大降低。

2.测定溶剂流出时间

将恒温槽调节至25(或30)±0.1 ℃,在黏度计(见图4.2)B、C管上小心地接上医用橡胶管,用铁夹夹好黏度计,放入恒温水槽,使毛细管垂直于水面,使水面浸没a线上方的球。用移液管从A管注入10 mL溶剂(滤过),恒温10 min后,用夹子(或用手)夹住C管橡皮管使不通气,而将接在B管的橡皮管用注射器抽气,使溶剂吸至a线上方的球一半时停止抽气。先把注射器拔下,而后放开C管的夹子,空气进入D球,使毛细管内溶剂和A管下端的球分开。这时水平地注视液面下降,用秒表记下液面流经a和b线的时间,此即为t_0。重复3次以上,误差不超过0.2 s。取其平均值作为t_0。然后将溶剂倒出,烘干黏度计。

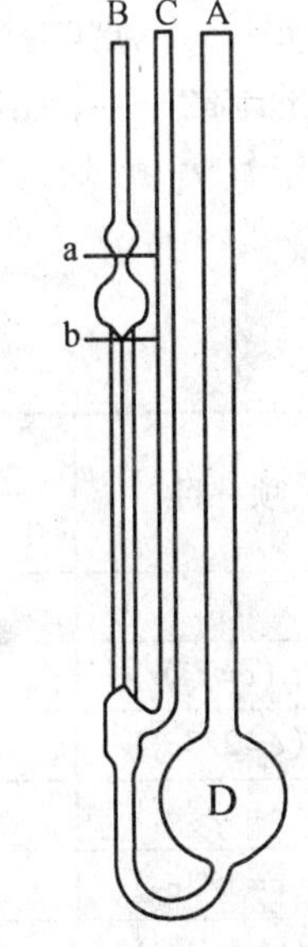

图4.2 乌氏黏度计

3. 仪器常数 A、B 的测定

测定的方法通常有三种:①用两种标准液体在同一温度下分别测出其流出时间;②用一种标准溶液在不同温度下测定其流出时间;③用一种标准溶液在不同外压下(同一温度)测其流出时间。

本实验选用①法,标准液体选用正丁醇和丙酮,其密度、黏度值如下表 4.4 所示。标准溶液通过式(4.7),可得 A、B 值。

表 4.4　正丁醇和丙酮的黏度和黏度

标准溶液	$\rho/(\mathrm{g \cdot mL^{-1}})$		$\eta \times 10^2/\mathrm{Pa \cdot s}$	
	25 ℃	30 ℃	25 ℃	30 ℃
丙酮	0.785 1	0.779 3	0.307 5	0.295 4
正丁醇	0.805 7	0.802 1	2.639 0	2.271

4. 溶液的配制

称取聚乙烯醇 0.2～0.63 g(精确至 0.1 mg),小心倒入 25 mL 容量瓶中,加入约 20 mL 水,使其全部溶解。溶解后稍稍摇动,置恒温水槽中恒温,用水稀释至刻度,再经砂芯漏斗滤入另一只 25 mL 无尘干净的容量瓶中(放入恒温槽,待用)。

配制溶液也可用以下方法,把样品称量后放入 25 mL 容量瓶中,加 10 mL 水,溶解摇匀,用 2 号砂芯漏斗滤入另一只同样的容量瓶中,用少量水,把第一只容量瓶和漏斗中的聚合物洗至第二只容量瓶中,洗三次,务必洗净,但总体积切勿超过 25 mL,然后把一只容量瓶放入恒温水槽中,稀释至刻度。

5. 溶液流出时间的测定

用移液管吸取 10 mL 溶液注入黏度计,黏度测定如前。测得溶液流出时间 t_1,然后移入 5 mL 溶剂,这时黏度计内的溶液浓度是原来的 2/3,将它混合均匀,并把溶液吸至 a 线上方的球的一半,洗两次,再用同法测定 t_2。同样操作再加入 5 mL、10 mL、10 mL 溶剂,分别测定 t_3、t_4、t_5,填入表 4.5。

表 4.5　溶液流出时间的测定

试样________　溶液________　浓度________

黏度计号码________　恒温________

项　目	流出时间/s				η_r		$\ln \eta_r$		$\ln \eta_r/c'$		η_{sp}		η_{sp}/c'	
	1	2	3	平均	未校	校	未校	校	未校	校	未校	校	未校	校
t_0														
$t_1(c=c_0)$														
$t_2(c=2/3c_0)$														
$t_3(c=1/2c_0)$														
$t_4(c=1/3c_0)$														
$t_5(c=1/4c_0)$														

注:“未校”指由式(4.9)计算,“校”指由式(4.8)计算。

【数据处理】

1. 外推法

(1)作图外推法

为作图方便设溶液初始浓度为 c_0,真实浓度 $c=c'c_0$,依次加入 5 mL、5 mL、10 mL、10 mL溶剂,稀释后的相对浓度各为 $2/3c_0$、$1/2c_0$、$1/3c_0$、$1/4c_0$(以 c'表示),计算 η_r、$\ln \eta_r$、$\ln \eta_r/c'$、η_{sp}、η_{sp}/c',填入表内,如图 4.3。

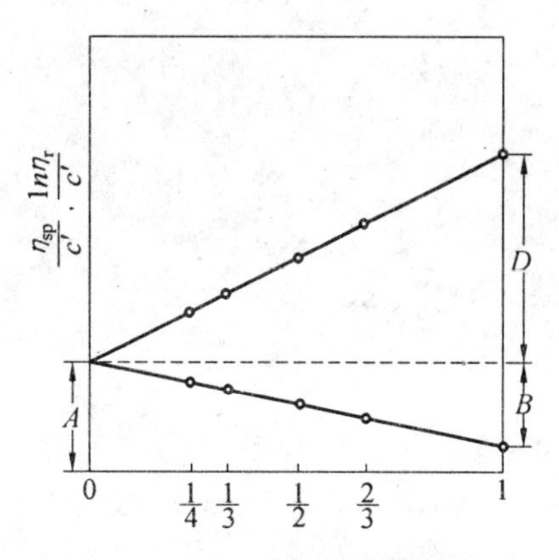

图 4.3 [η]、k'(或β)值的图解

作 η_{sp}/c'(或 $\ln \eta_r/c'$对 c')图时,可以用坐标纸 12 格为相对浓度横坐标(即 $c'=1$),则其他各点就相应于 8、6、4、3 格处。外推得到截距 A,那么

$$特性黏数=截距 A/初始浓度 c_0$$

已知

$$[\eta]=\overline{KM_\eta^{\ a}}$$

式中,K 和 a 为常数,查表可得,即可根据测得的[η]值计算试样的相对分子质量$\overline{M_\eta}$。

(2)计算器作直线拟合法

最近,应用可编程序计算器(Programmable Calculator)TI58、TI58C 或 TI59 型,输入 K,a,c,t,t_0 等已知数据(t、t_0 误差范围取 0.05),以 η_{sp}/c 对 c(或 $\ln \eta_r/c$ 对 c)作直线拟合,就能快速得到[η]、相关系数、$\overline{M_\eta^{\ a}}$以及估算截距[η]的误差(设浓度误差不计)。

2. 一点法

由图 4.3 可知

$$\eta_{sp}/c'=A+Dc' \tag{4.15}$$

$$\ln \eta_r/c'=A-Bc' \tag{4.16}$$

代入 $c=c'c_0$,则式(4.15)、(4.16)可写成

$$\eta_{sp}/c=A/c_0+Dc/c_0^{\ 2} \tag{4.17}$$

$$\ln \eta_r/c=A/c_0-Bc/c_0^{\ 2} \tag{4.18}$$

将式(4.17)、(4.18)分别和式(4.1)、(4.2)比较,并已知 $A=[\eta]c_0$,则得

$$k'=D/A^2,\beta=B/A^2$$

根据 k'和 β 值,选用式(4.12)、(4.13)或式(4.14)计算值,并和"外推法"进行比较。

表4.6为溶液黏度名称的对照。

表4.6　溶液黏度名称的对照

习惯名称	ISO推荐名称	符号	习惯名称	ISO推荐名称	符号
相对黏度	黏度比	η_r	比浓对数黏数	对数黏数	$\ln \eta_r/c$
增比黏度	黏度比增量	η_{sp}	特性黏数	极限黏数	$[\eta]$
比浓黏度	黏数	η_{sp}/c			

实验 44　汽油添加剂甲基叔丁基醚的合成、分离和鉴定

【实验目的】

1. 通过甲基叔丁基醚的合成掌握均相催化反应技术。
2. 进一步巩固蒸馏、洗涤等基本操作技术。
3. 掌握用气相色谱、红外光谱等大型仪器对产品的鉴定。

【实验原理】

城市汽车废气造成的环境污染日益严重需要治理,传统的有毒含铅汽油将逐渐被停止使用,取而代之的是含甲基叔丁基醚(MTBE)、乙基叔基醚(ETBE)等的无铅汽油。甲基叔丁基醚价格低廉,所以获得广泛的应用。

甲基叔丁基醚为低沸点液体(b. p. 55.2 ℃),主要用做汽油添加剂,代替四乙基铅,提高汽油的辛烷值。它的毒性很小,是一种较理想的溶剂。1985 年,ALLEN 等首次报道了用甲基叔丁醚溶解胆结石的实验,在体外溶解胆结石仅需 60 ~ 100 min,动物试验及临床试验经皮穿刺胆囊插管或经内窥镜胆管插管溶解胆囊或胆结石效果也较满意。

目前生产甲基叔基醚的工艺主要是由异丁烯和甲醇在低压下通过离子交换树脂催化反应而得,但也有用改性沸石或固载杂多酸作催化剂, 以异丁烯和甲醇为原料气固相催化合成,其反应为

$$(H_3C)_2C{=}CH_2 + H_3C{-}OH \xrightarrow{\text{酸性催化剂}} H_3C{-}C(CH_3)_2{-}O{-}CH_3$$

由于 MTBE 需求量的急剧膨胀, 异丁烯原料远远满足不了需求。因此,需要开发制取 MTBE 的非异丁烯原料线路。从甲醇和叔丁醇制取 MTBE 是一条极有价值的工艺路线,因为叔丁醇很容易通过丁烷氧化得到。国内外大量报道了甲醇和叔丁醇反应制MTBE的醚化催化剂,如 ZSM-5、负载 ZSM-5、负载的 Y-沸石和用氟磷改性的 Y-沸石以及杂多酸盐等。

在实验室制备中,甲基叔丁基醚可用威廉森制醚法制取,反应式如下

$$CH_3C(CH_3)_2ONa+CH_3X \longrightarrow CH_3C(CH_3)_2OCH_3+NaX$$

也可用硫酸脱水法合成,反应式如下

$$CH_3C(CH_3)_2OH+CH_3OH \xrightarrow{15\%\ H_2SO_4} CH_3C(CH_3)_2OCH_3+H_2O$$

本实验以甲醇和叔丁醇为原料,用液体酸(硫酸)为催化剂,进行均相催化合成甲基叔丁基醚。

【仪器与试剂】

1. 仪器

磁力搅拌器,水浴锅,三口烧瓶(250 mL),恒压滴液漏斗(100 mL),温度计,刺形分馏

柱,冷凝管,气相色谱仪,折光率仪,红外光谱仪。

2. 试剂

叔丁醇,甲醇,硫酸,无水碳酸钠,甲基叔丁基醚。

【实验步骤】

(1)在带有磁力搅拌器,装有恒压滴液漏斗、刺形(维氏)分馏柱(长约 20 cm)的 250 mL三口烧瓶中,加入 15% 稀硫酸 100 mL、甲醇 35 mL 及叔丁醇 10 mL。搅拌并逐渐加热升温,控制反应温度在 80 ~ 85 ℃内,使馏出物温度保持在 40 ~ 60 ℃,产物缓慢地蒸出并收集。约 1 h 后,从恒压滴液漏斗中逐滴滴加另外 25 mL 叔丁醇,1 h 内滴加完毕。继续收集馏出物,直至无馏出物为止(约 2 h)。

(2)将馏出物移入分液漏斗中用水反复洗涤,每次用水 25 mL。用水多次洗涤以除去所含的醇,除醇后醚层清澈透明。分出醚层,加入少量无水碳酸钠干燥。

(3)将回流装置改为蒸馏装置,蒸出甲基叔丁醚,收集 54 ~ 56℃ 的馏分,称重,求产率。

(4)所得产品分别用气相色谱仪、折光率仪和红外光谱仪等进行鉴定。

(5) 改变催化剂(硫酸)的量进行合成,找出最佳催化剂用量。

【讨论】

(1)叔丁醇的熔点为 25.5 ℃,当室温低于该熔点温度时,如何能保证叔丁醇从滴液漏斗中逐滴加入?

(2)试述汽油添加剂的目的和作用机理。

(3)通过查阅文献,总结国内外合成甲基叔丁基醚的方法,并比较其优缺点。

第5篇　实验仪器简介

5.1　紫外可见光谱仪

1.仪器原理

波长在200～400 nm范围的光称为紫外光，人眼能感觉到的光的波长在400～750 nm之间，称为可见光。利用紫外吸收光谱是有机化合物鉴定中的一种重要的辅助手段。

当一束平行单色光通过均匀、非散射的液体（或固体、气体介质）时，光的一部分被吸收，一部分透过溶液，还有一些被器皿吸收或反射。朗伯-比尔定律是对被测组分进行定量分析的基本依据。

紫外可见光谱仪基本结构原理如下

光源⟶单色器⟶吸收池⟶检测系统

光源发出所需波长范围内稳定的连续光谱，有足够的光强度。可见光区通常选用钨灯或碘钨灯，波长在320～2 500 nm；紫外区选用氢灯或氘灯，波长在180～375 nm。

单色器由一系列光学元件组成，能够将光源发出的连续光谱分解为单色光。单色器由入射光狭缝和出射光狭缝、准直镜以及色散元件所组成，其中色散元件是最主要的部件，色散元件有棱镜和光栅两种。可见光区常用玻璃棱镜（350～3 200）nm，紫外区用石英棱镜（185～4 000）nm。由于光栅的色散能力和分辨本领均大大优于棱镜，所以现在的光学分析仪器已大部分采用光栅色散元件。

吸收池亦称比色皿，用于盛放分析的试样溶液，让入射光束通过。吸收池一般由玻璃和石英两种材料做成，玻璃池只能用于可见光区，石英池可用于可见光区及紫外光区。吸收池的大小规格从几毫米到几厘米不等，最常用的是1 cm的吸收池。为减少光的反射损失，吸收池的光学面必须严格垂直于光束方向。在高精度分析测定中（紫外光区尤其重要），吸收池要挑选配对，使它们的性能基本一致，因为吸收池材料本身及光学面的光学特性、以及吸收池光程长度的精确性等对吸光度的测量结果都有直接影响。

检测器是利用光电效应将光能转换成电流信号的装置。检测器必须在一个宽的波长范围内对辐射有响应，在辐射能量较低时响应应灵敏，对辐射的响应速度要快，响应信号要容易放大，噪声水平要低，而更重要的是响应信号应与照射光的强度 I 成线性关系。常用的有光电池、光电管、光电倍增管、半导体检测器和硅二极管阵列检测器等。

由检测器将光信号转换为电信号并经放大后，可用检流计、微安表、记录仪、数字显示器或阴极射线显示器显示或记录测定结果。

分光光度计有单光束、双光束、双波长几种类型，其工作原理，如图5.1所示。

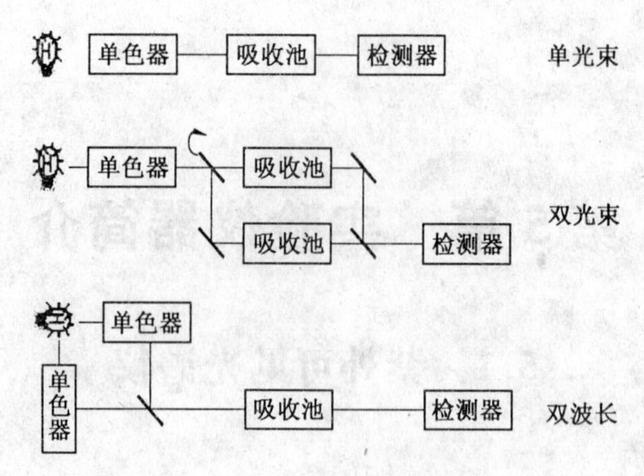

图 5.1　紫外可见分光光度计工作原理

(1)单光束分光光度计

经单色器分光后的一束平行光,轮流通过参比溶液和样品溶液,以进行吸光度的测定。这种简易型分光光度计结构简单,操作方便,维修容易,适用于常规分析,一般不能做全波段光谱扫描,要求光源和检测器具有很高的稳定性。

(2)双光束分光光度计

光源发出光经单色器分光后,经反射镜分解为强度相等的两束光,一束通过参比池,另一束通过样品池,光度计能自动比较两束光的强度,此比值即为试样的透射比,经对数变换将它转换成吸光度并作为波长的函数记录下来。双光束分光光度计一般都能自动记录吸收光谱曲线,快速全波段扫描。由于两束光同时分别通过参比池和样品池,因而能自动消除光源强度变化、检测器灵敏度变化等因素所引起的误差。

(3)双波长分光光度计

由同一光源发出的光被分成两束,分别经过两个单色器,得到两束不同波长(λ_1 和 λ_2)的单色光;利用切光器使两束光以一定的频率交替照射同一吸收池,然后经过光电倍增管和电子控制系统,最后由显示器显示出两个波长处的吸光度差值。对于多组分混合物、混浊试样(如生物组织液)分析,以及存在背景干扰或共存组分吸收干扰的情况下,利用双波长分光光度法,往往能提高方法的灵敏度和选择性。利用双波长分光光度计,能获得导数光谱。通过光学系统转换,使双波长分光光度计能很方便地转化为单波长工作方式。如果能在 λ_1 和 λ_2 处分别记录吸光度随时间变化的曲线,那么还能进行化学反应动力学的研究。

2. 使用方法

以 UV Lambda 25 紫外-可见分光光度计操作规程为例。

(1)开机

检查仪器样品室中是否有未取出的比色皿;打开仪器电源,约 3 min 后方可打开其他附件;运行"Lambda 25"软件,10 min 后方可开始分析测试。

(2)创设分析方法

当 UV Lambda 25 软件打开后,就呈现出"Methods"窗口,里面保存着以往使用过的一些方法。需要调用时,选中一种方法,然后双击即可。如果需要新创设一个方法,可以点击菜单栏"Application"中 Scan 选项或点击键,进入方法编辑窗口,在"Scan、Inst"窗口中设置所需实验条件和参数;在"Sample"窗口中输入样品数量和各样品名称;点击菜单栏

"Files"中"Save as"选项,完成方法编辑。在呈现的窗口中输入方法名称后,点 Auto Zero 进行自动调零。

(3)方法使用

第一步,将装有参比溶剂的比色皿放入参比槽(里);第二步,点击"Start",仪器即开始扫描,这时仪器要求一个空白样品,即在样品槽(外)中同样放入溶剂,点击"OK";第三步,仪器进行背景校准后,要求放入样品 1;第四步,倒空比色皿中空白样品试剂,用样品 1 润洗,再倒入样品,点击"OK";样品 1 做好之后,要求放入下一个样品。按这四步操作,直到所有样品做好;点击菜单栏"Files"中"Save"选项,保存实验数据。

(4)取所需数据

进行谱图组合。点击菜单栏"View"中的"Add Spectrum…",选择需要的谱图。

(5)关闭

关闭 UV Lambda 25 程序;打开样品室,取出比色皿,关闭样品室;关闭仪器、电脑电源。切断总电源。

3. 注意事项

(1)测量波长的选择

通常都是选择最强吸收带的最大吸收波长作为测量波长,称为最大吸收原则,以获得最高的分析灵敏度。而且在最大吸收波长附近,吸光度随波长的变化一般较小,波长的稍许偏移引起吸光度的测量偏差较小,可得到较好的测定精密度。但在测量高浓度组分时,宁可选用灵敏度低一些的吸收峰波长(ε 较小)作为测量波长,以保证校正曲线有足够的线性范围。如果所处吸收峰太尖锐,则在满足分析灵敏度前提下,可选用灵敏度低一些的波长进行测量,以减少比耳定律的偏差。

(2)适宜吸光度范围的选择

任何光度计都有一定的测量误差,这是由于测量过程中光源的不稳定、读数的不准确或实验条件的偶然变动等因素造成的。由于吸收定律中透射比 T 与浓度 c 是负对数的关系,从负对数的关系曲线可以看出,相同的透射比读数误差在不同的浓度范围中,所引起的浓度相对误差不同,当浓度较大或浓度较小时,相对误差都比较大。因此,要选择适宜的吸光度范围进行测量,以降低测定结果的相对误差,在吸光分析中,一般选择 A 的测量范围为 0.2 ~0.8(T 为 65% ~15%)。在实际工作中,可通过调节待测溶液的浓度或选用适当厚度的吸收池的方法,使测得的吸光度落在所要求的范围内。

(3)仪器狭缝宽度的选择

狭缝的宽度会直接影响到测定的灵敏度和校准曲线的线性范围。狭缝宽度过大时,入射光的单色性降低,校准曲线偏离比耳定律,灵敏度降低;狭缝宽度过窄时,光强变弱,势必要提高仪器的增益,随之而来的是仪器噪声增大,于测量不利。选择狭缝宽度的方法是:测量吸光度随狭缝宽度的变化。狭缝的宽度在一个范围内,吸光度是不变的,当狭缝宽度大到某一程度时,吸光度开始减小。因此,在不减小吸光度时的最大狭缝宽度,即是所欲选取的合适的狭缝宽度。

(4)显色反应条件

显色反应条件包括显色剂及其用量、反应酸度、温度、时间等的选择,这些都对测量结果的准确度也有很大影响,一般通过具体实验进行选择。

(5)消除干扰物质

体系内存在的干扰物质也会产生影响，可以通过控制酸度、选择合适掩蔽剂、生成惰性配合物、预先分离等方法消除干扰，还可以利用化学计量学方法实现多组分同时测定，以及利用导数光谱法、双波长法等新技术消除干扰。

5.2 红外光谱仪

1. 仪器原理

分子的运动有平动、转动和振动，红外光谱是基于分子中原子的振动。

有机分子不是刚性结构，分子中的共价键就像弹簧一样，在一定频率的红外光辐射下会发生各种形式的振动，如伸缩振动（键长改变的振动）、弯曲振动（键角发生改变的振动）等。伸缩振动中又分为对称伸缩振动和不对称伸缩振动。

各个化学键的振动频率不仅与化学键本身有关，而且受到整个分子的影响。当一定频率的红外光照射分子时，如果分子的一个振动频率与红外光的频率相同，红外光则被吸收。这样连续改变红外光的频率就可以观察到一红外吸收光谱（频率或波长为横坐标，吸收率或透射百分率为纵坐标）。

一般红外光谱图分为两个主要区域：官能团区 2.5 ~ 7.5 μm（4 000 ~ 1 300 cm^{-1}）；指纹区 7.7 ~ 15 μm（1 300 ~ 660 cm^{-1}）。前一个区域一般是由两个原子振动所产生的，与整个分子的关系不大，这个区域对判别化合物的官能团起着重要作用。指纹区的基本振动是多原子体系的伸缩和弯曲振动，与整个分子有关，这个区域中每个化合物有着彼此不同的谱图，就像人们的指纹一样，没有两个指纹是相同的，所以这个区域称为指纹区。指纹区对鉴定两个化合物是否相同起着很大的作用。

通过红外光谱可以判定各种有机化合物的官能团，如果结合对照标准红外光谱还可用以鉴定有机化合物的结构。不同类型的化学键，由于他们的振动能级不同，所吸收的红外射线的频率也不同，因而通过分析红外光谱图可以鉴别各种化学键。

红外光谱可由红外光谱仪测得，红外光谱仪工作原理如图 5.2 所示。

色散型的红外光谱仪采用双光束，最常见的是以“光学零位平衡”原理设计的。红外辐射源是由硅碳棒发出，硅碳棒在电流作用下发热并辐射出 2 ~ 15 μm 范围的连续红外辐射光。这束光被反射镜折射成可变波长的红外光，并分成两束，一束是穿过参比池的参比光；另一束是通过样品池的吸收光。通过参比池的光束经衰减器（亦称光楔或光梳）与通过样品池的光束会合于斩光器（亦称切光器）处，使两光束交替进入单色器（现一般用光栅）色散之后，同样交替投射到检测器上进行检测。单色器的转动与光谱仪记录装置谱图图纸横坐标方向相关联。横坐标的位置表明了单色器的某一波长（波数）的位置。若样品对某一波数的红外光有吸收，则两光束的强度便不平衡，参比光路的强度比较大。因此检测器产生一个交变的信号，该信号经放大、整流后负反馈于连接衰减器的同步马达，该马达使光楔更多地遮挡参比光束，使之强度减弱，直至两光束又恢复强度相等。此时交变信号为零，不再有反馈信号，此即“光学零位平衡”原理。移动光楔的马达同步地联动记录装置的记录笔，沿谱图图纸的纵坐标方向移动，因此纵坐标表示样品的吸收程度。单色器转动的全过程就得到一张完整的红外光谱图。

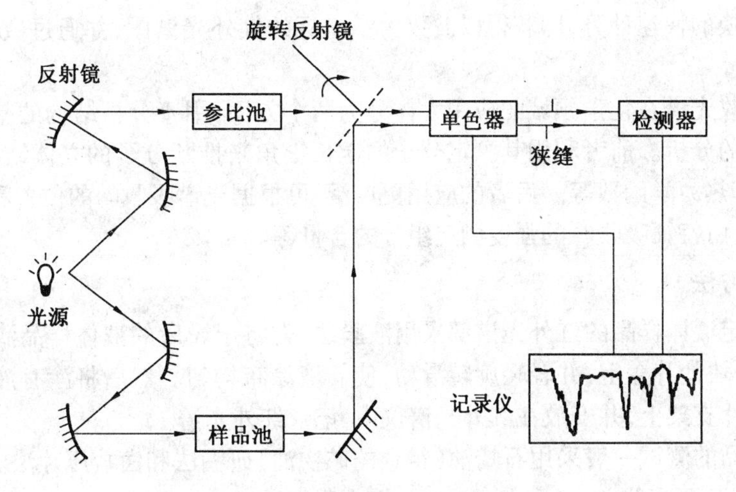

图 5.2　双照射式红外光谱仪原理示意图

如果样品对频率连续变化的红外光不时地发出强度不一的吸收,那么穿过样品池而达到红外辐射检测器的光束的强度就会相应地减弱。红外光谱仪就会将吸收光束与参比光束做比较,并通过记录仪记录在图纸上形成红外光谱图。

傅里叶红外光谱仪(FTIR)由光学系统、数据处理系统和外部设备几大部分组成。光学系统由红外光源、迈克尔逊干涉仪和检测器组成。该仪器整机工作原理如图 5.3 所示。傅里叶红外光谱仪和普通的色散红外光谱仪不同,前者需要经过傅里叶变换等,仪器构造也是不同的,傅里叶红外光谱仪有两面镜子,一面定镜还有一面动镜,定镜和动镜的之间有分束器,分束器设定在与光路程 45°放置,光速在分束器上被部分透射,部分反射。透射光和反射光分别垂直入射定镜和动镜。接着被分别反射,返回到分束器处产生相干效应,经过检测器检测并转换其谱图。即由光源发出的红外光经过准直以平行光进入干涉仪,经调制后得一束干涉光。干涉光通过样品,获得含有光谱信息的干涉光到达检测器。由检测器将干涉光信号变为电信号,经放大后通过模/数转换器进入计算机,由计算机进

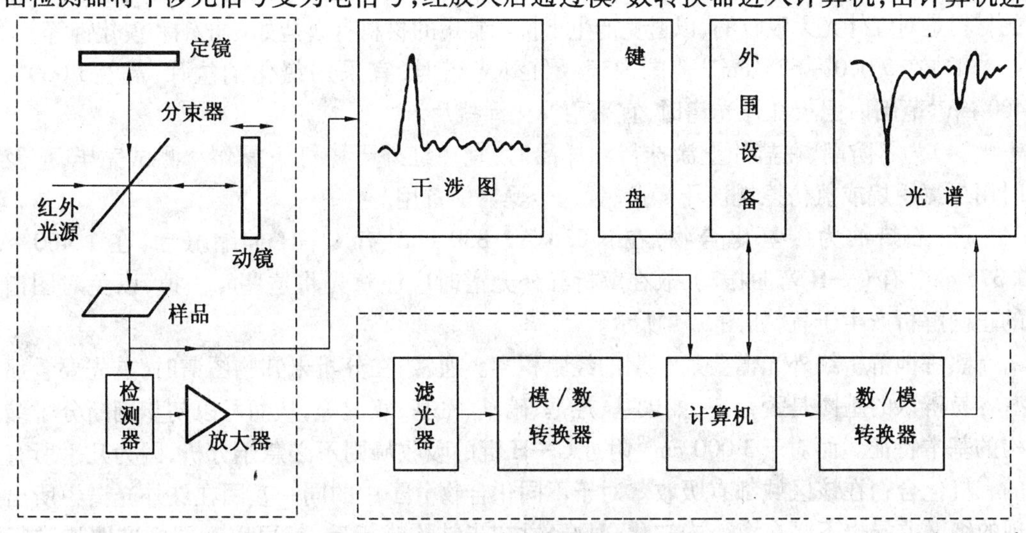

图 5.3　傅里叶交换红外光谱仪工作示意图

行傅里叶变换的快速计算,即获得以波数为横坐标的红外光谱图,并通过数/模转换器进入绘图仪。

红外吸收光谱在化学领域的应用大体分为两个方面:用于分析结构的基础研究和用于化学组成的分析。前者利用其测定分子的键长键角来推断分子的立体结构,了解化学键强弱,计算热力学函数等。后者的应用更广泛,可根据光谱吸收峰的位置和形状推断未知物的结构,由特征吸收峰的强度测定组分的含量等。

2. 使用方法

通常测定液体样品的红外光谱都采用液膜法,先将干燥后的液体样品滴一滴在盐片上,再用另一块盐片盖上,并轻轻旋转滑动,使样液涂布均匀。然后将涂有液体样品的盐片置放在盐片支架上,并安放在红外光谱仪中,记录红外光谱。

固体样品的测试一般采用石蜡油(精致的矿物油)研糊法和卤盐压片法。

(1)石蜡油研糊法

取 3 ~ 5 mg 干燥固体样品和 2 ~ 3 滴石蜡油在研钵中研磨成糊状,然后将糊状物涂抹在盐片上并另用一块盐片覆盖在上面。再将该盐片置放在盐片支架上,并安放在红外光谱仪中,记录红外光谱。

(2)卤盐压片法

取 2 ~ 3 mg 干燥固体样品在研钵中研细,再加入 100 ~ 200 mg 充分干燥过的溴化钾,混合研磨成极细粉末,并将其装入金属模具中。轻轻振动模具,使混合物在模具中分布均匀,然后在真空条件下加压,使其压成片状。打开模具,小心取下盐片,置放在盐片支架上,并安放在红外光谱仪中,记录红外光谱。

3. 注意事项

(1)由于水在 3 710 cm^{-1} 和 1 630 cm^{-1} 处有强吸收峰,因此在做红外光谱分析时,待测样品及盐片均需充分干燥处理。

(2)由于玻璃和石英几乎能吸收全部的红外光,因此不能用来做样品池。制作样品池的材料是对红外光无吸收的,以避免产生干扰。常用的材料有卤盐如氯化钠和溴化钾等。

(3)在 5 000 ~ 625 cm^{-1} 范围内记录红外光谱时,宜采用氯化钠盐片;需在 5 000 ~ 400 cm^{-1} 范围内记录红外光谱时,宜采用溴化钾盐片。

(4)为了防潮,在盐片上涂抹待测样品时,宜在红外干燥灯下操作。测试完毕,应及时用二氯甲烷或氯仿擦洗。干燥后,置入干燥器中备用。

(5)石蜡油为碳氢化合物,在 3 030 ~ 2 830 cm^{-1} 有 C—H 伸缩振动,在 1 460 ~ 1 375 cm^{-1} 有 C—H 弯曲振动,故在解析红外光谱时应注意先将这些峰去掉,以免对图谱的正确解析产生干扰,如图 5.4 所示。

熟练地解析红外光谱要靠长期的经验积累。通常,在分析未知物图谱时,首先要看那些容易辨认的基团是否存在,如羰基、羟基、硝基、氰基、双键等,从而可以初步判断分子结构的基本特征。而对于 3 000 cm^{-1} 附近 C—H 键的吸收峰则不必急于分析,因为几乎所有的有机化合物在该区域都有吸收。对于不同化合物分子中的同一基团在红外光谱中所出现的细微差异也不必在意。未知化合物经过初步结构辨析后,就可以查阅标准图谱进行比较。因为相同化合物具有相同的图谱,这就好像不同的人具有不同的指纹一样。当未

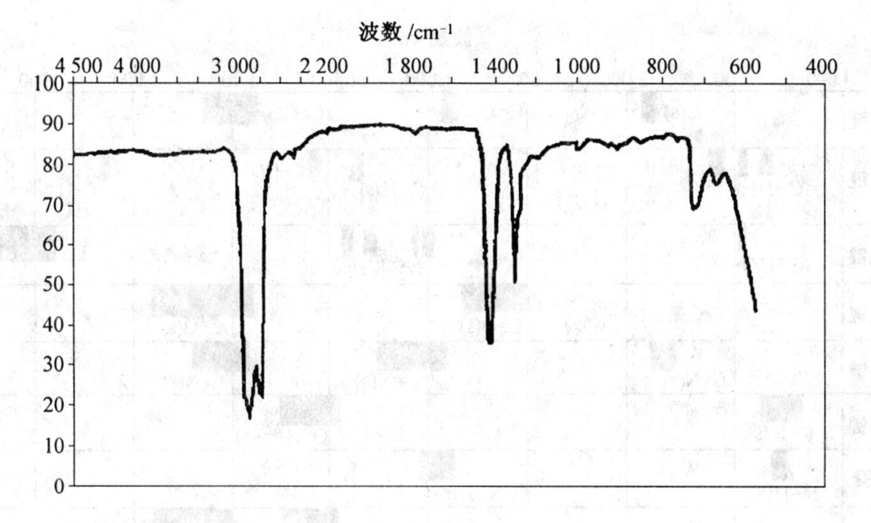

图 5.4　石蜡油的红外光谱图

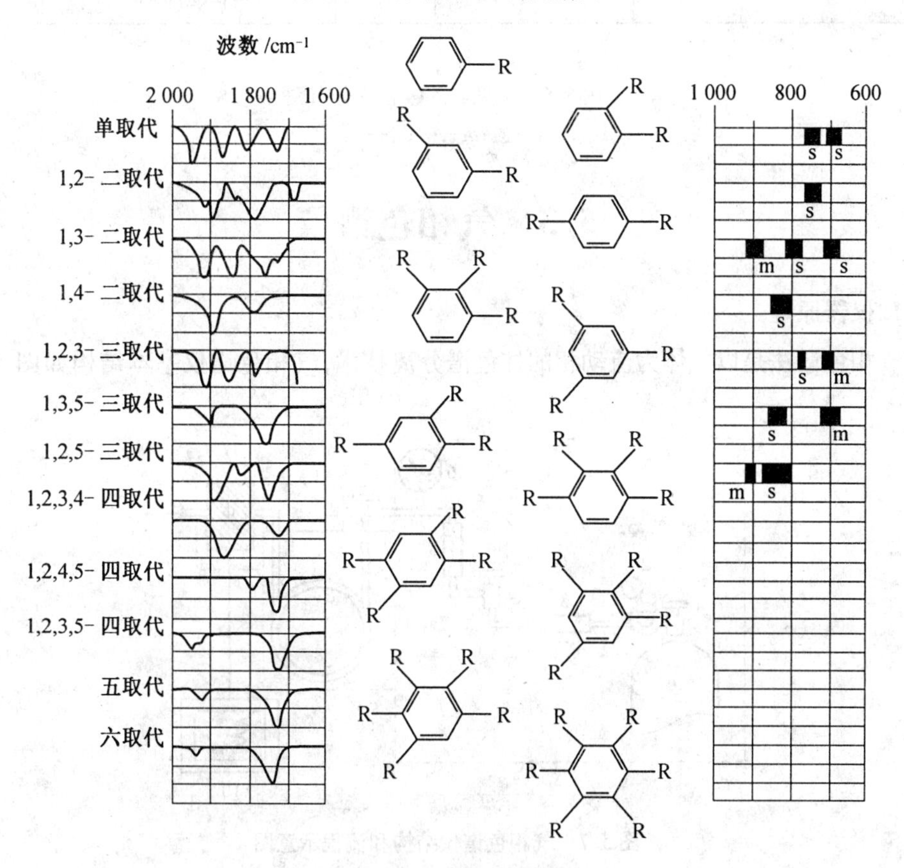

图 5.5　取代苯特征峰分布图

知物的图谱和标准图谱完全一致时,就可以确定未知物和标准图谱所示化合物为同一化合物。通过比较结构相近的红外光谱图,也可以获得一些有参考价值的信息。此外,在 2 000 ~ 1 600 cm^{-1} 和 1 000 ~ 6 00 cm^{-1} 区域出现的弱峰可以帮助辨析取代苯的异构体结构,如图5.5所示,其他红外吸收峰所对应的基团可参见图 5.6。

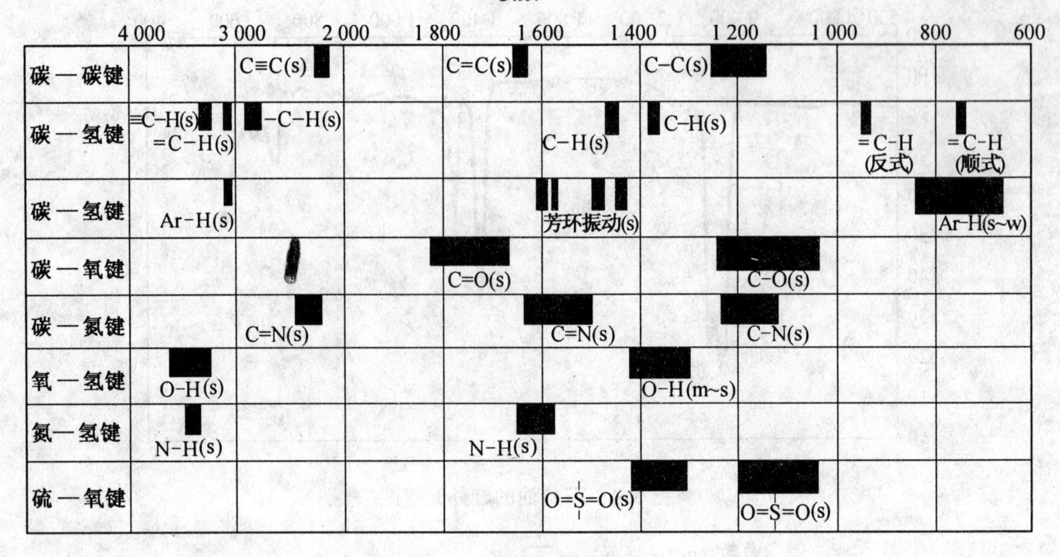

图 5.6　常见红外吸收峰分布图

s—强；m—中；w—弱

5.3　气相色谱仪

1. 仪器原理

气相色谱法是以气体为流动相的柱色谱分离技术，气相色谱仪基本结构如图 5.7 所示。

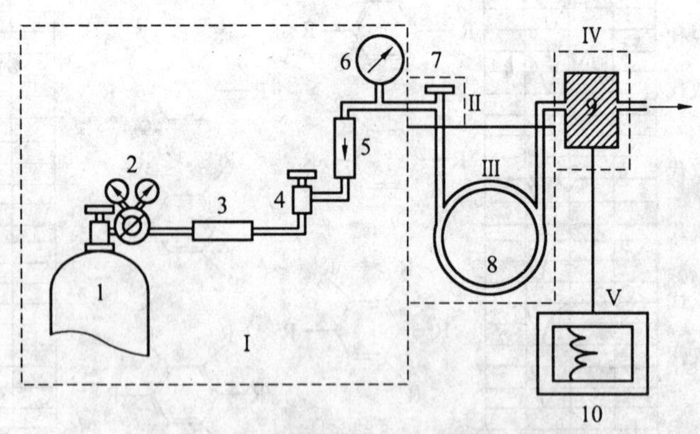

图 5.7　气相色谱仪结构和流程示意图

Ⅰ—气路系统；Ⅱ—进样系统；Ⅲ—分离系统；Ⅳ—检测系统；Ⅴ—记录系统

1—高压钢瓶；2—减压阀；3—净化干燥管；4—气流调节阀；5—转子流量计；

6—压力表；7—气化室；8—色谱柱；9—检测器；10—记录仪

流动相携带从进样系统中引入的混合试样进入色谱柱，试样中各组分在固定相上经过数次吸附脱附。由于不同组分在固定相和流动相的分配比不同，在固定相上的停留时间也不相同,因而在色谱柱上得到分离。分离后的组分随着流动相依次流出色谱柱进入检测器,检测器的响应信号由数据处理装置记录下来,获得一组峰形曲线。当仪器条件合适时,试样中含有几种组分,就会出现几个峰。

混合试样中的组分能否成功分离,是色谱法完成定性定量分析的前提和基础。能否完成分离,主要取决于分离物质的性质、色谱柱固定相的选择、柱效及操作条件等。

色谱柱是气相色谱仪的主要组成部分,常用的有填充柱和毛细管柱两种。其中填充柱具有制备容易、性能稳定、使用方便和柱容量大的优点而得到广泛应用,而填充柱的制备和选择要注意以下几个方面。

(1)色谱柱的选择

一般分析多用不锈钢柱,它的优点是机械强度好又有一定的惰性,如用它来分离烃类和脂肪酸酯类是足够稳定的,但分析较为活性的物质时要避免使用不锈钢柱,而选用玻璃柱,它透明便于观察柱内填充物的情况,光滑易于填充成密实的高效柱,其缺点是易碎。一般柱长1~5 m,在达到分离的要求条件下,宜使用短色谱柱,这样可以降低柱温、缩短分析时间。柱内径2~6 mm,而微填充柱则使用内径1 mm左右的色谱柱,小内径色谱柱可降低范氏方程式中涡流扩散项的λ值,从而提高柱效。

(2)固定相的选择

固定相主要由载体和固定液组成。通常根据分析样品的性质选择载体的种类和粒度;据相似相溶原则选择合适的固定液;确定固定液和载体的液载比,一般为5%~25%。把固定液薄而均匀地涂在载体上制成固定相。

(3)色谱柱的老化

把固定相均匀、紧密地填入色谱柱,然后安装到色谱仪中进行老化处理,以除去残留的溶剂和低沸点杂质,并使固定液均匀牢固地涂渍在载体表面。

气相色谱仪的检测器也是很主要的部件之一,常见的有热导检测器TCD、氢火焰离子化检测器FID和电子捕获检测器ECD。热导检测器基于载气和样品的导热系数的差异,并用惠斯登电桥检测。

氢火焰离子化检测器结构如图5.8所示,含碳有机物在氢火焰中燃烧时,产生化学电离,发生下列反应

$$CH + O \longrightarrow CHO^+ + e^-$$

$$CHO^+ + H_2O \longrightarrow H_3O^+ + CO$$

在电场作用下,正离子被收集到负极,产生电流。在喷嘴上加一极化电压,氢气从管道6进入喷嘴,与载气混合后由喷嘴逸出进行燃烧,助燃空气由管道4进入,通过空气扩散器5均匀分布在火焰周围进行助燃,补充气从喷嘴管道底部7通入。

电子捕获检测器如图5.9所示,它是以^{63}Ni或^{3}H作为放射源,当载气(如N_2)通过检测器时,受放射源发射的b射线的激发与电离,产生一定数量的电子和正离子,在一定强度电场作用下形成一个背景电流(基流)。在此情况下,如载气中含有电负性强的样品,则电负性物质就会捕捉电子,从而使检测室中的基流减小,基流的减小与样品的浓度成正比。

此外,载气的种类和流速、柱温、检测器温度、气化室温度等对分析结果都有很大影响。

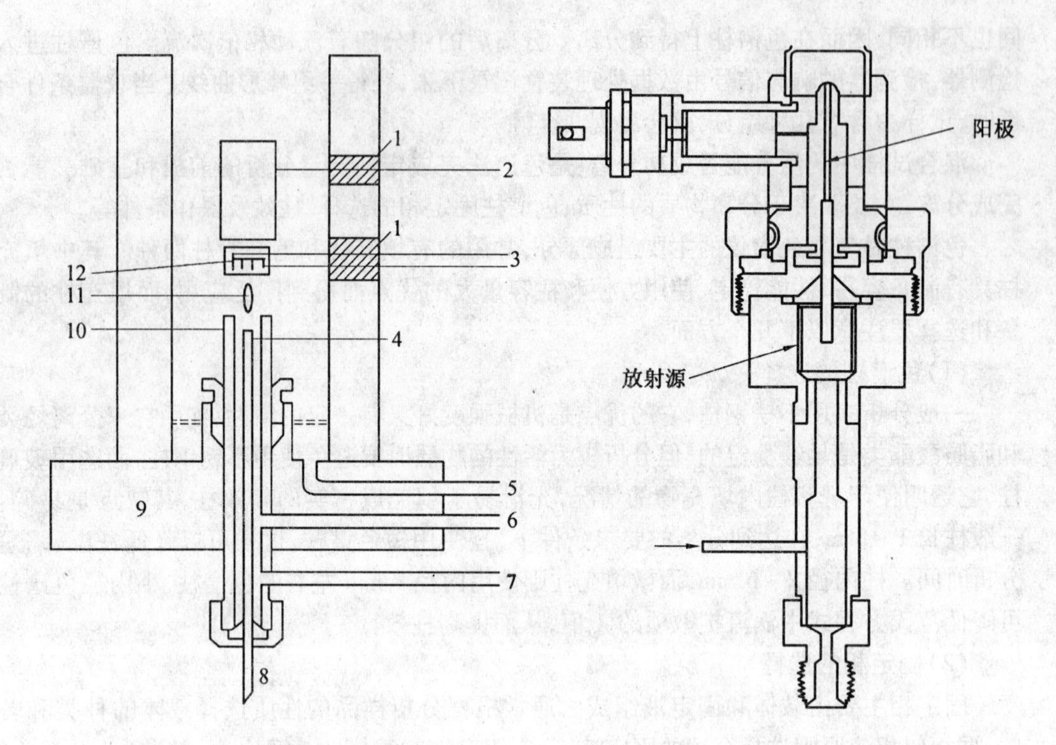

图 5.8　氢火焰离子化检测器

1—绝缘体;2—信号收集极;3—碱金属加热极;4—毛细管柱末端;5—空气;6—氢气;7—补充气;8—毛细管柱;9—检测器加热块;10—火焰喷嘴;11—微焰;12—加热线圈

图 5.9　电子捕获检测器

气相色谱流出曲线如图 5.10 所示。

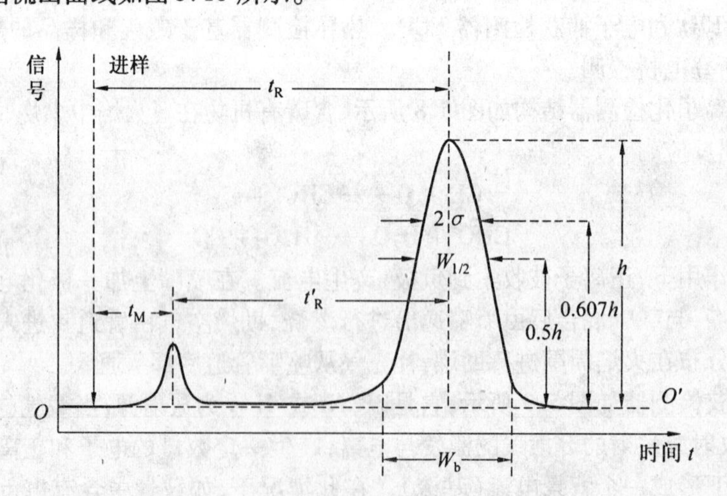

图 5.10　气相色谱流出曲线

当色谱柱中没有组分进入检测器时,在实验操作条件下,反应检测器系统噪声随时间变化的曲线称为基线。表示试样中各组分在色谱柱中的滞留时间的数值称为保留值,通

常用保留时间 t_R 或用将组分带出色谱柱所需载气的体积来表示。任何一种物质都有一定的保留值,因此,可以根据保留值进行定性分析。但要求柱效要高,混合物组分简单,且已知,可一一分离。即使这样,也只能做其他定性方法的旁证,通常与质谱、红外等仪器联用,或者配合化学方法进行定性分析。

在一定操作条件下,分析组分 i 的质量(m_i)或其在载气中的浓度是与检测器的响应信号(色谱图上表现为峰面积 A_i 或峰高 h_i)成正比。可写作 $m_i = f_i \cdot A_i$(此即色谱定量分析的依据)。可见,在定量分析中需要:①准确测量峰面积;②准确求出比例常数(定量校正因子);③根据上式正确选用定量计算方法,将测得的组分的峰面积换算为质量分数。

2. 使用方法

(1)检查气体过滤器、载气、进样垫和衬管等。检查气体过滤器和进样垫,保证辅助气和检测器的用气畅通有效。如果以前做过较脏样品或活性较高的化合物,需要将进样口的衬管清洗或更换。

(2)将螺母和密封垫装在色谱柱上,并将色谱柱两端要小心切平。

(3)将色谱柱连接于进样口上。色谱柱在进样口中插入深度根据所使用的 GC 仪器不同而定。正确合适的插入能最大可能地保证试验结果的重现性。通常来说,色谱柱的入口应保持在进样口的中下部,当进样针穿过隔垫完全插入进样口后如果针尖与色谱柱入口相差 1 ~ 2 cm,这就是较为理想的状态(具体的插入程度和方法参见所使用 GC 的随机手册)。避免用力弯曲挤压毛细管柱,并小心不要让标记牌等有锋利边缘的物品与毛细柱接触摩擦,以防柱身断裂受损。将色谱柱正确插入进样口后,用手把连接螺母拧上,拧紧后(用手拧不动了)用扳手再多拧 1/4 ~ 1/2 圈,保证安装的密封程度。因为不紧密的安装,不仅会引起装置的泄漏,而且有可能对色谱柱造成永久损坏。

(4)接通载气。当色谱柱与进样口接好后,通载气,调节柱前压以得到合适的载气流速。

(5)将色谱柱连接于检测器上。其安装和所需注意的事项与色谱柱与进样口连接大致相同。如果在应用中系统所使用的是 ECD 或 NPD 等,那么在老化色谱柱时,应该将柱子与检测器断开,这样检测器可能会更快达到稳定。

(6)确定载气流量,再对色谱柱的安装进行检查。注意如果不通入载气就对色谱柱进行加热,会快速且永久性地损坏色谱柱。

(7)色谱柱的老化。色谱柱安装和系统检漏工作完成后,就可以对色谱柱进行老化了。对色谱柱升至一恒定温度,通常为其温度上限。特殊情况下,可加热至高于最高使用温度 10 ~ 20 ℃左右,但是一定不能超过色谱柱的温度上限,那样极易损坏色谱柱。当到达老化温度后,记录并观察基线。初始阶段基线应持续上升,在到达老化温度后 5 ~ 10 min开始下降,并且会持续 30 ~ 90 min。当到达一个固定的值后就会稳定下来。如果在2 ~ 3 h 后基线仍无法稳定或在 15 ~ 20 min 后仍无明显的下降趋势,那么有可能系统装置有泄漏或者污染。遇到这样的情况,应立即将柱温降到 40 ℃以下,尽快地检查系统并解决相关的问题。如果还是继续的老化,不仅对色谱柱有损坏而且始终得不到正常稳定的基线。一般来说,涂有极性固定相和较厚涂层的色谱柱老化时间长,而弱极性固定相和较薄涂层的色谱柱所需时间较短。而 PLOT 色谱柱的老化方法又各不相同。PLOT 柱的老化步骤:HLZ Pora 系列 250 ℃,8 h 以上;Molesieve(分子筛)300 ℃,12 h;Alumina(氧化铝)200 ℃,8 h 以上。由于水在氧化铝和分子筛 PLOT 柱中的不可逆吸附,使得这两种色谱柱容易发生保留行为漂移。当柱子分离过含有高水分样品后,需要将色谱柱重新老化,以除去固定相中吸附的水分。

(8)设置确认载气流速。对于毛细管色谱柱,载气的种类首选高纯度氮气或氢气。载气的纯度最好大于99.995%,而其中的含氧量越少越好。如果您使用的是 毛细管色谱柱,那么依照载气的平均线速度(cm/s),而不是利用载气流量(mL/min)来对载气做出评价,因为柱效的计算采用的是载气的平均线速度。推荐平均线速度值:氮气 10 ~ 12 cm/s,氢气 20 ~25 cm/s。载气杂质过滤器在载气的管线中加入气体过滤装置不仅可以延长色谱柱寿命,而且可以很大程度地降低背景噪音。建议最好安装一个高容量脱氧管和一个载气净化器。使用 ECD 系统时,最好能在其辅助气路中也安装一个脱氧管。

(9)柱流失检测。在色谱柱老化过程结束后,利用程序升温做一次空白试验(不进样)。一般是以 10 ℃/min 从 50 ℃升至最高使用温度,达到最高使用温度后保持 10 min。这样就会得到一张流失图。这些数值可能对今后做对比试验和实验问题的解决有帮助。在空白试验的色谱图中,不应该有色谱峰出现。如果出现了色谱峰,通常可能是从进样口带来的污染物。如果在正常的使用状态下,色谱柱的性能开始下降,基线的信号值会增高。另外,如果在很低的温度下,基线信号值明显地大于初始值,那么有可能是色谱柱和 GC 系统有污染。

3. 注意事项

(1)进样应注意的问题

手不要拿注射器的针头和有样品部位、不要有气泡(吸样时要慢、快速排出再慢吸),反复几次;进样速度要快(但不易太快),每次进样保持相同速度,针尖到汽化室中部开始注射样品。

(2)安装色谱柱

安装拆卸色谱柱必须在常温下,填充柱有卡套密封和垫片密封,安装时不易拧得太紧,色谱柱两头是否用玻璃棉塞好。防止玻璃棉和填料被载气吹到检测器中。

(3)毛细管色谱柱

毛细管色谱柱安装 3 插入的长度要根据仪器的说明书而定,不同的色谱气化室结构不同,所以插进的长度也不同。

(4)氢气和空气的比例

氢气和空气的比例为 1 : 10,当氢气比例过大时 FID 检测器的灵敏度急剧下降,在使用色谱时在别的条件不变的情况下,灵敏度下降要检查一下氢气和空气流速。氢气和空气有一种气体不足点火时发出“砰”的一声,随后就灭火,一般当你点火点着就灭,再点还着随后又灭是氢气量不足。

(5)使用 TCD 检测器

使用 TCD 检测器时,氢气做载气时尾气一定要排到室外,因为当空气中氢气的含量在 4% ~10% 时,就有爆炸的危险,所以一定要保证实验室有良好的通风系统。氮气做载气桥流不能设大,比用氢气时要小得多,没通载气不能给桥流,桥流要在仪器温度稳定后开始做样前再给。

(6)色谱柱的保存

色谱柱的保存要注意,用进样垫将色谱柱的两端封住,并放回原包装。在安装时要将色谱柱的两端截去一部分,保证没有进样垫的碎屑残留于柱中。

5.4　原子吸收光谱仪

1. 仪器原理

元素原子的核外电子层具有各种不同的电子能级,最外层的电子在一般情况下,处于最低的能级状况,整个原子也处于最低能级状态——基态。基态原子的外层电子得到能量以后,就会发生电子从低能态向高能态的跃迁。这个跃迁所需的能量为原子中的电子能级差 ΔE。当有一能量等于 ΔE 的特定波长的光辐射通过含有基态原子的蒸气时,基态原子就吸收了该辐射的能量而跃迁到激发态,而且是跃迁至第一激发态,所以基态原子所吸收的辐射是原子的共振辐射线。

一束频率为 ν、强度为 I_0 的平行光垂直通过厚度为 l 的原子蒸气时,一部分光被吸收,透过光的强度为 I_ν,I_0 与 I_ν 之间的关系遵循吸收定律,即

$$I_\nu = I_0 \exp(-K_\nu l)$$

式中　K_ν——基态原子对频率为 ν 的光的吸收系数。

吸收线轮廓中心波长处的吸收系数 K_0,称为峰值吸收系数,简称为峰值吸收。峰值吸收系数 K_0 与原子浓度成正比。只要所讨论的体系是一个温度不太高的局部热平衡体系,吸收介质均匀且光学厚度不太大,入射光是严格的单色辐射,且入射光与吸收线的中心频率一致,则峰值吸光度 A 与被测元素的浓度 c 有严密、确定的函数关系 $A=Kc$。

原子吸收光谱仪依次由光源、原子化系统、单色仪、检测器和记录仪五大基本部件组成。如图 5.11 所示。

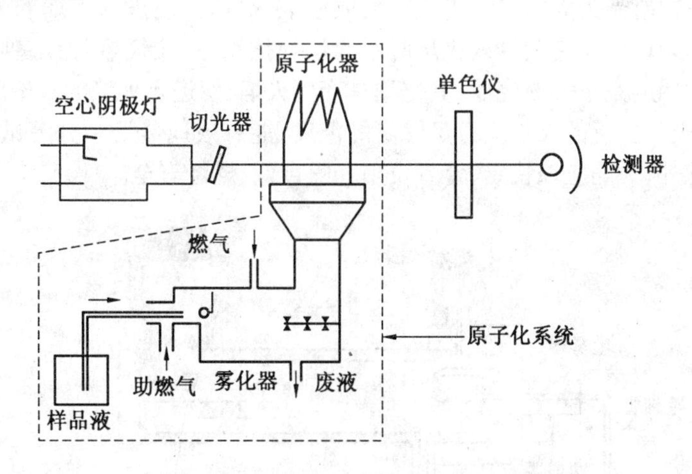

图 5.11　原子吸收光谱仪结构示意图

分析时,首先把分析试样经适当的化学处理后变为试液,然后把试液引入原子化器中(对于火焰原子化器,需先经雾化器把试液雾化变成细雾,再与燃气混合由助燃器载入燃烧器)进行蒸发离解及原子化,使被测组分变成气态基态原子。用被测元素对应的特征

波长辐射(元素的共振线)照射原子化器中的原子蒸气,则该辐射部分被吸收,通过检测,记录被吸收的程度,进行该元素的定量分析。

光源的作用是发射被测元素的特征共振辐射,对光源有如下要求:

(1)锐线光源,其发射的共振辐射的半宽度应明显小于被测元素吸收线的半宽度。

(2)辐射强度大,背景低(低于共振辐射强度的1%),保证足够的信噪比,以提高灵敏度。

(3)光强度的稳定性好,使用寿命长。因此,空心阴极灯、蒸气放电灯、高频无极放电灯都具有这些要求,而目前应用最为普遍的是空心阴极灯,见图5.12。

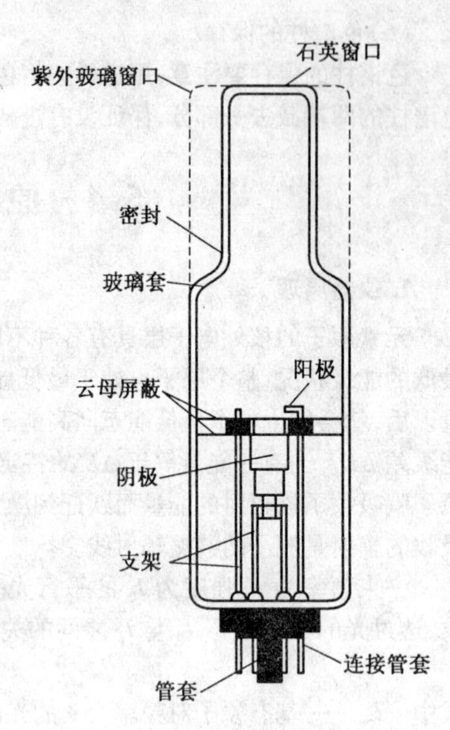

图5.12 空心阴极灯结构示意图

原子化器的功能是提供能量,使试样干燥、蒸发并原子化,产生原子蒸气。原子化器把试样蒸发、原子化是原子吸收分析的关键之一。要求原子化效率要高,原子化效率越高,分析的灵敏度也越高;稳定性要好,雾化后的液滴要均匀、粒细;低的干扰水平,背景小,噪声低;安全、耐用,操作方便。

原子化器包括火焰原子化器和非火焰原子化器(常见的是石墨炉原子化器)。

如图5.13所示,预混合型火焰原子化器由雾化器、混合室和燃烧器组成。雾化器是关键部件,其作用是将试液雾化,使之形成直径为微米级的气溶胶。混合室的作用是使较大的气溶胶在室内凝聚为大的溶珠沿室壁流入泄液管排走,使进入火焰的气溶胶在混合室内充分混合均匀以减少它们进入火焰时对火焰的扰动,并让气溶胶在室内部分蒸发脱溶。燃烧器最常用的是单缝燃烧器,其作用是产生火焰,使进入火焰的气溶胶蒸发和原子化。因此,原子吸收分析的火焰应有足够高的温度,能有效地蒸发和分解试样,并使被测元素原子化。此外,火焰应该稳定、背景发射和噪声低、燃烧安全。

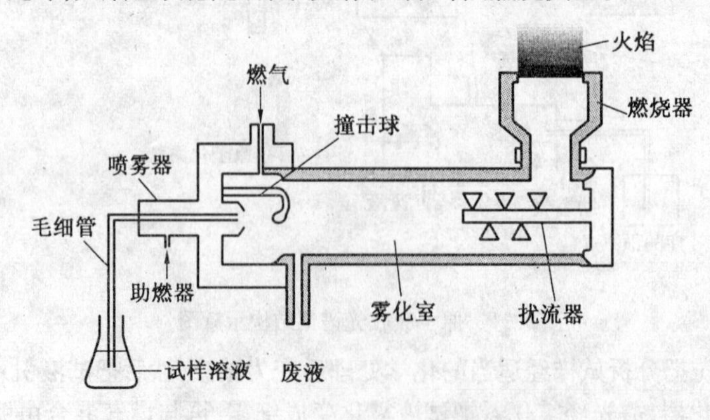

图5.13 预混合型火焰原子化器

原子吸收测定中最常用的火焰是乙炔-空气火焰，此外，应用较多的是氢-空气火焰和乙炔-氧化亚氮高温火焰。乙炔-空气火焰燃烧稳定，重现性好，噪声低，燃烧速度不是很大，温度足够高（约 2 300 ℃），对大多数元素有足够的灵敏度。氢-空气火焰是氧化性火焰，燃烧速度较乙炔-空气火焰高，但温度较低（约 2 050 ℃），优点是背景发射较弱，透射性能好。乙炔-氧化亚氮火焰的特点是火焰温度高（约 2 955 ℃），而燃烧速度并不快，是目前应用较广泛的一种高温火焰，用它可测定 70 多种元素。

如图 5.14 所示，管式石墨炉原子化器由加热电源、保护气控制系统和石墨管状炉组成。加热电源供给原子化器能量，电流通过石墨管产生高热高温，最高温度可达到 3 000 ℃。保护气控制系统是控制保护气的，仪器启动，保护气 Ar 流通，空烧完毕，切断 Ar 气流。外气路中的 Ar 气沿石墨管外壁流动，以保护石墨管不被烧蚀，内气路中 Ar 气从管两端流向管中心，由管中心孔流出，以有效地除去在干燥和灰化过程中产生的基体蒸气，同时保护已原子化了的原子不再被氧化。在原子化阶段，停止通气，以延长原子在吸收区内的平均停留时间，避免对原子蒸气的稀释。石墨炉原子化器的操作分为干燥、灰化、原子化和净化四步，由微机控制实行程序升温。

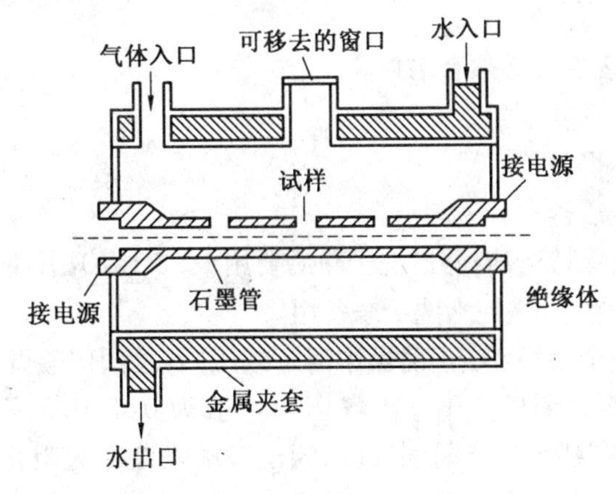

图 5.14　管式石墨炉原子化器

单色器由入射和出射狭缝、反射镜和色散元件组成，其作用是将所需要的共振吸收线分离出来。分光器的关键部件是色散元件，现在商品仪器都是使用光栅。原子吸收光谱仪对分光器的分辨率要求不高，曾以能分辨开镍三线 Ni 230.003、231.603、231.096 nm 为标准，后采用 Mn 279.5 和 279.8 nm 代替 Ni 三线来检定分辨率。光栅放置在原子化器之后，以阻止来自原子化器内的所有不需要的辐射进入检测器。

原子吸收光谱仪中广泛使用的检测器是光电倍增管。

对于单道单光束型仪器，由于原子化器中被测原子对辐射的吸收与发射同时存在，同时火焰组分也会发射带状光谱，因此会干扰检测，发射干扰都是直流信号。为了消除辐射的发射干扰，必须对光源进行调制。可用机械调制，在光源后加一扇形板（切光器），将光源发出的辐射调制成具有一定频率的辐射，就会使检测器接收到交流信号，采用交流放大将发射的直流信号分离掉；还有对空心阴极灯光源采用脉冲供电，不仅可以消除发射的干扰，还可提高光源发射光的强度与稳定性，降低噪声等，因而光源多使用这种供电方式。还可以采用双光束型仪器，光源发出经过调制的光被切光器分成两束光：一束测量光，一束参比光(不经过原子化器)。两束光交替进入单色器,然后进行检测。由于两束光来自同一光源,可以通过参比光束的作用,克服光源不稳定造成基线漂移的影响。

2. 使用方法

WFX 110 ~ 120 原子吸收仪的操作顺序:

(1)打开系统文件—文件—新建—选定分析光源,确定—编辑任务名称及操作者—点样品表及编辑待测样品信息,确定—点选择方法,选定所测元素,确定—点样品稀释,选定结论所用单位,确定(如还需要测另一元素,将光标移至下一格,重复以上两步操作)—完成。

(2)点自动波长—完成。

(3)通空气(压力为 0.2 ~ 0.3 MPa)通乙炔(0.05 ~ 0.07 MPa)点火测试(做富氧法实验先点空气乙炔火焰加乙炔至富燃,打开富氧开关,缓慢加氧气至微富燃,加乙炔至富燃,再缓慢加氧气至微富燃,反复操作至乙炔流量 8 ~ 9 L/min 的微富燃状况即可)。

(4)测完一项后,点测量界面左侧下方网格标记,自动进入下一项目测量。

3. 注意事项

(1)点火前检查,废液管必须有水封。

(2)废液管不得有重复水封。

(3)乙炔流量计不得关闭。

(4)灭火后空压机需排水。

(5)实验室应严格保持清洁;器皿洗干净后要用 1∶3 HNO_3 浸泡过夜,使用前先用蒸馏水冲洗,再用二次蒸馏水、高纯水洗干净备用。

(6)乙炔气体的安全使用:① 正确操作钢瓶减压阀,总阀门旋开不应超过 1.5 转,防止丙酮逸出。出气阀顺时针为"开",出气压力一般为 0.1 MPa,不能超过 0.15 MPa。② 防止回火:废液瓶应盖紧,不能漏气;减压阀出口端安装回火阻止器。③ 阀门和所有进出气管路均不能漏气,用毕及时关好。

(7)关于灵敏度:雾化效率越高,灵敏度越高;吸光长度越大,灵敏度越高;灯电流越小,灵敏度越高;原子化条件越合理,灵敏度越高。

5.5 JZHY-180 界面张力仪

1. 原理

JZHY-180 型界面张力仪是一种用物理方法代替化学方法简单易行的测试仪器,用它可以迅速、准确地测出各种液体的表面、界面张力值。在水力、电力部门用来测试电业用油的表面、界面张力值,以加强对绝缘油质的监督;在石油、化工、科研和教育部门该仪器也得到广泛的应用。JZHY-180 型界面张力仪主要由扭力丝、铂环、支架、拉杆架、蜗轮把手等组成,如图 5.15 所示。使用时通过蜗轮把手的旋转对钢丝施加扭力,并使该扭力与液体表面接触的铂环对液体的表面张力相平衡。当扭力继续增加时,液面被拉破时,钢丝扭转的角度,用刻度盘上的游标指示出来,此值就是界面张力(p)值,单位是 $mN \cdot m^{-1}$。

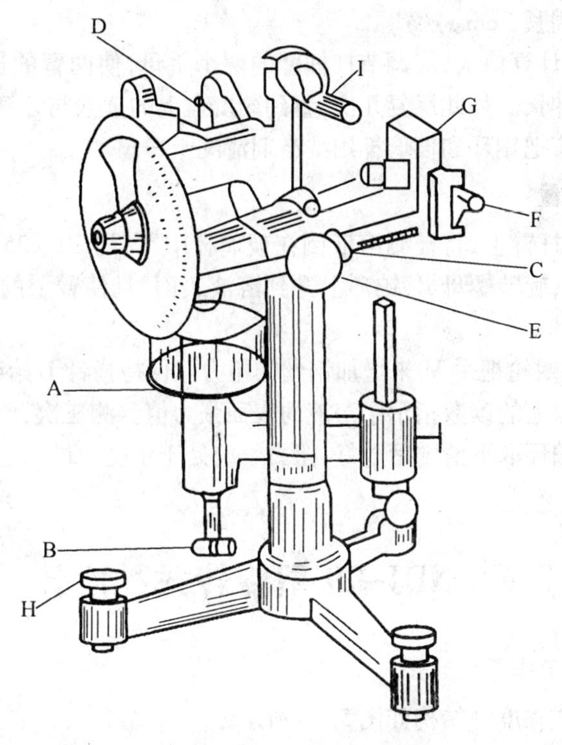

图 5.15　JZHY-180 界面张力仪

A—样品座；B—样品座螺母；C—臂的制止器；D—指针；
E—蜗轮把手；F—微调蜗轮把手；G—固定钢丝的手母；
H—水平螺母；I—游码

2. 准备工作

①将仪器放在平稳的地方，通过调节螺母 E 将仪器调到水平状态，使横梁上的水准泡位于中央位置。

②将铂环放在吊杆的下末端，小纸片放在铂环的圆环上，打开臂的制止器，调好放大镜，使臂上的指针 L 与反射镜上的红线重合，如果刻度盘上游标正好指示为零，则可进行下一步。如果不指零的话，可以旋转微调蜗轮把手 P 进行调整。

③用质量法校正，在铂圆环的小纸片上放一定质量的砝码，当指针与红线重合时，游标指示正好与计算值一致。若不一致可调整两臂的长度，臂的长度可以用两臂上的两个手母来调整。调整时这两个手母必须是等值旋转，以便使臂保持相同的比例，保证铂环在试验中垂直地上下移动，再通过游码 C 的前后移动达到调整结果。具体方法是将 500 ~ 800 mg 的砝码放在铂环的小纸片上；旋转蜗轮把手，直到指针 L 与反射镜上红线精确地重合。记下刻度盘的读数（精确到 0.1 分度）。如果用 0.8 g 的砝码，刻度盘上的读数为

$$p=\frac{mg}{2L}=\frac{0.8\times 980.17}{2\times 6}\ \mathrm{mN\cdot m^{-1}}=65.3\ \mathrm{mN\cdot m^{-1}}$$

式中　p——界面张力，$\mathrm{mN\cdot m^{-1}}$；

m——砝码质量，g；

g——重力加速度，$\mathrm{cm\cdot s^{-2}}$；

L——铂环的周长，cm。

如记录的读数比计算值大，应调节杠杆臂的两个手母，使两臂的长度等值缩短；如过小，则应使臂的长度伸长。如此反复几次，直到刻度盘上的读数与计算值一致为止。

④在测量以前，应把铂环和玻璃杯用洗涤剂清洗干净。

3. 表面张力的测量

①将铂环插在吊杆臂上，将被测溶液倒在玻璃杯中，高约 20 ~ 25 mL，将玻璃杯放在样品座的中间位置上，旋转螺母 B，铂环上升到溶液表面，且使臂上的指针与反射镜上的红线重合。

②旋转螺母 B 和蜗轮把手 M 来增加钢丝的扭力。保持指针 L 始终与红线相重合，直至薄膜破裂时，刻度盘上的读数指示了溶液的表面张力值。测三次，取其平均值。

仪器使用完毕，铂环取下清洗后放好，扭力丝应处于不受力的状态。杠杆臂用偏心轴和夹板固定好。

5.6 NDJ-79 型旋转式黏度计

1. 旋转式黏度计工作原理

NDJ-79 型旋转式黏度计结构如图 5.16 所示.

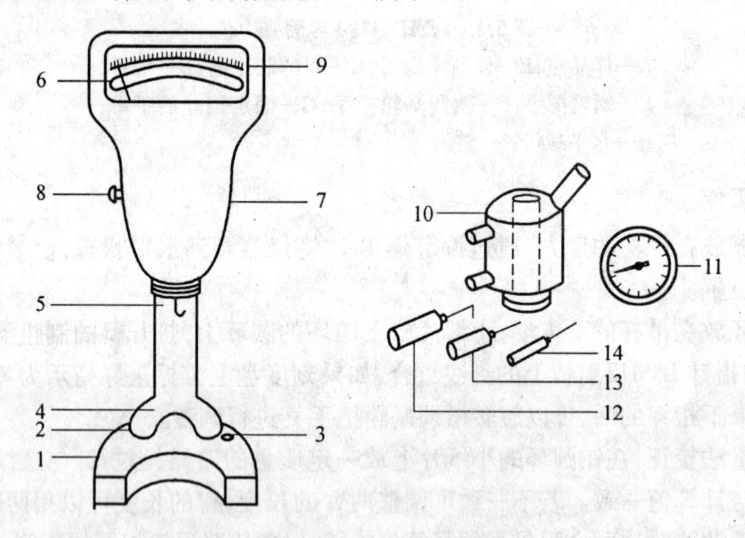

图 5.16 NDJ-79 型旋转式黏度计

1—柱座；2—电源插座；3—电源开关；4—安放测定器的托架；5—悬吊转筒的挂钩；6—读数指针；7—同步电动机 ；8—指针调零螺丝；9—具有反射镜的刻度；10—测定器；11—温度计；12、13、14—因子分别为 1、10、100 的转筒

仪器的驱动是靠一个微型的同步电动机，它以 750 r/min 的恒速旋转，几乎不受荷载和电源电压变化的影响。电动机的壳体采用悬挂式安装，它通过转轴和挂钩带动转筒旋转。当转筒在被测液体中旋转受到黏滞阻力作用时，产生反作用而使电动机壳体偏转，电动机壳体与两根具有正反力矩的金属游丝相连，壳体的转动使游丝产生扭矩，当游丝的力

矩与黏滞阻力矩达到平衡时,与电动机壳体相连接的指针便在刻度盘上指示出某一数值,此数值与转筒所受黏滞阻力成正比,于是刻度读数乘上转筒因子就表示动力黏度的最值。

2. 操作步骤

(1)接通电源。通过黏度计的电源插座连接220 V 50 Hz的交流电源。

(2)调整零点。开启电源开关,使电动机在空载时旋转,待稳定后用调零螺丝将指针调到刻度的零点,关闭开关。

(3)将被测液体小心地注入测定器,直至液面达到锥形面下部边缘为止,约需液体15 mL左右,将转筒浸入液体直到完全浸没为止,连上专用温度计,接通恒温水源,将测定器放在黏度计托架上,并将转筒悬挂于挂钩上。

(4)开启电源开关,起动电动机,转筒从开始晃动到对准中心。为加速对准中心,可将测定器在托架上向前后左右微量移动。

(5)当指针稳定后即可读数,将所用转筒的因子乘以刻度读数即得以厘泊(cP)表示的黏度(1 cP=1 MPa·s)。如果读数小于10格,应当调换直径大一号的转筒。记下读数后,关闭电源开关。将测定器内孔和转筒洗净擦干。

3. 注意事项

①本黏度计为精密测量仪器,必须严格按规定的步骤操作。

②开启电源开关后,电动机就应启动旋转,如因负荷过大或其他原因迟迟不能启动,就应关闭电源开关,查找原因后再开,以免烧毁电动机和变压器。

③电动机不得长时间连续运转,以免损坏。

④使用前和使用后都应将转筒及测定器内孔洗净擦干,以保证测量精度。

⑤以上所述黏度的测量范围为10~10^4cP。对于更小或更高黏度的测量,详情见仪器说明书。

5.7 氧弹式量热计

1. 工作原理

氧弹式量热计有自动量热仪、微机全自动量热仪等,量热系统由氧弹、内筒、外筒、温度传感器、搅拌器、点火装置、温度测量和控制系统以及水构成。通常实验室用于测定燃料发热量的量热计有恒温式量热计、绝热式量热计两种。测量原理相同,但构造上有些差异。恒温式量热计包围量热体系外筒是一个双层水套,内装较多的水。测热过程中水是静止的,外筒仅用于给内筒提供稳定的工作环境。绝热式量热计除有双层水套外,其顶盖也设计为双层水套。测热过程中,双层中的水借助循环水泵从外筒流向顶盖从而起到绝热作用。同时在外筒中还安装有跟踪内筒水温的加热电极和温控元件。恒温式量热计与绝热式量热计在市场上均有产品,也各有优缺点。前者构造简单,操作简便,但需对温升进行校正,计算较为繁琐。目前,随着微机广泛应用,问题已得到解决。后者构造复杂,操作难以掌握,有时还受到季节的影响,用于带走外筒水中多余热量的冷却水温度不能满足试验要求。因此在一般情况下,恒温式量热计被广泛采用。

恒温式量热计的工作原理一般配置是将装好并充氧至规定压力的氧弹放入内筒子系

统开始进行水循环，稳定水温，然后向内筒注水，达到预定水量后，开始搅拌，使内筒水温均衡至室温（相差不超过1.5 ℃），此时感温控头测定水温并记录到计算机中。当内筒水温基本稳定后，控制系统指示点火电路导通，点火后，样品在氧气的助燃下迅速燃烧，产生的热量通过氧弹传递给内筒，引起内筒水温上升。当氧弹内所有的热量释放出以后温度开始下降，计算机检测到内筒水温下降信号后判定该试验结束，系统停止搅拌并放出内筒水。计算机对采集到的温度数据进行结果处理。

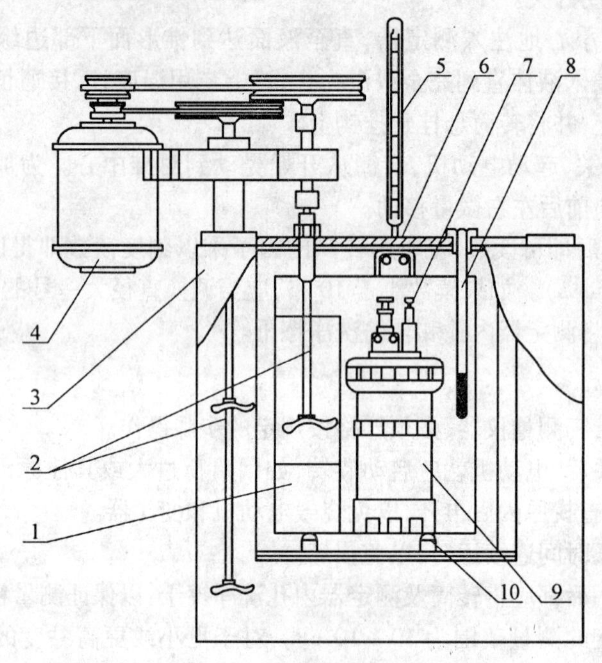

图5.17　氧弹式量热计

1—内筒；2—搅拌器；3—外筒；4—搅拌电机；5—外筒温度计；
6—内筒盖；7—电极；8—测温装置；9—氧弹；10—绝热支柱

2. 使用方法

SHR-15 恒温式量热计（含氧弹）配套 SWC-ⅡD 型精密数字温度温差计和 YCY-4 充氧器的使用方法：

（1）准确称取一定量的样品置于氧弹内的样品托盘中；

（2）将燃烧丝的两端绑牢于氧弹中的两根电极上，并使其中间部分与样品接触，燃烧丝不能与坩埚壁相碰，旋紧氧弹盖；

（3）将充氧器导管和出气管相连，将氧弹放在充氧器上，弹头与充氧口相对，压下充氧器手柄，待充氧器上表压指示稳定后松开，充气完毕；

（4）将充好氧气的氧弹用万用电表检查是否通路，若通路则将氧弹放入盛水桶中。用容量瓶准确量取已被调节到低于外筒温度0.5 ~ 1.0 ℃的自来水3 000 mL，倒入盛水桶内，并接上控制器上的点火电极，盖上盖子。将温度温差仪的探头插入内桶水中，将温度温差档打向温差，将控制器上各线路接好，开动搅拌马达，待温度稳定，每隔1 min 读取温度一次。读10 个点，按下点火开关，如果指示灯亮后熄灭，温度迅速上升，则表示氧弹内样品已燃烧，自按下点火开关后，每隔 15 s 读一次温度，待温度升至每分钟上升小于

0.002 ℃，每隔一分钟读一次温度，再读 10 个点。

(5)关掉控制开关，取出测温探头，打开外筒盖，取出氧弹，用泄气阀放掉氧弹内气体，旋开氧弹头，检查若氧弹坩埚内有黑色残渣或未燃尽的样品颗粒，说明燃烧不完全，此实验作废，若未发现这些情况，取下未燃烧完的燃烧丝测其长度，计算实际燃烧丝的长度，将筒内水倒掉，即测了一个样品。

(6)测定仪器的总热容。准确称取 1 g 左右的苯甲酸，同法进行上述实验操作一次。

3. 注意事项

(1)氧弹量热仪的新氧弹和新更换部件的氧弹(弹筒、弹头、连接环)应经 20 MPa 的水压试验，无问题后方可使用。

(2)应当定期检查密封圈是否磨损和燃烧时的损伤，如密封不严有漏气现象，则应更换。

(3)量热仪中两个点火电极容易氧化，弹帽和阀座用完后应冲洗干净并擦干，过一段时间后要用砂纸打磨点火帽氧化物。

(4)氧弹使用前应检查氧气压力表是否完好、灵敏，指示的压力是否正确，操作是否安全。

(5)在氧弹充氧时，必须使压力缓慢上升，直至所规定的压力后再维持 0.5 ~1 min。

(6)氧弹充氧应按规定压力进行，充氧压力不得偏低或过高。

5.8 酸度计

1. 工作原理

酸度计也称 pH 计，是用来测量溶液 pH 值的仪器。实验室常用的酸度计有雷磁 25 型、pHS-2 型和 pHS-3 型等。它们的原理相同，结构略有差别。下面介绍 pHS-2 型酸度计，见图 5.18，其他型号酸度计的使用可查阅有关使用说明书。

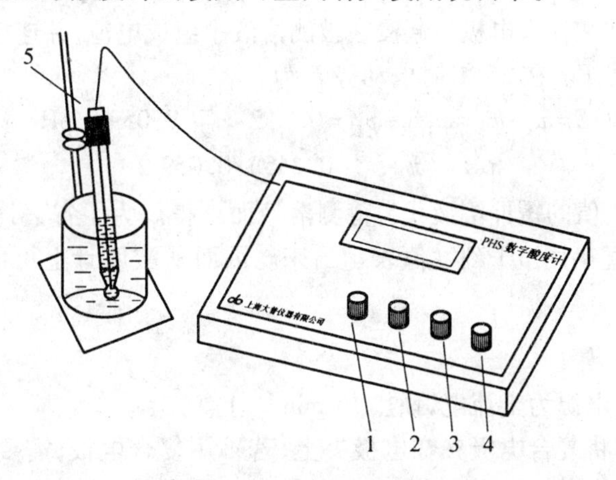

图 5.18 pHS-2 型酸度计

1—温度补偿器；2—定位调节器；3—斜率调节；
4—pH/mV 功能选择；5—复合电极

酸度计测 pH 值的方法是电位测定法。它除测量溶液的酸度外,还可以测量电池的电动势(mV)。酸度计主要是由参比电极(甘汞电极)、测量电极(玻璃电极)和精密电位计三部分组成。

复合电极使玻璃电极和甘汞电极合二为一,其外壳下端较玻璃球泡长,避免玻璃球泡的损坏。饱和甘汞电极和玻璃电极的结构如图 5.19 所示。

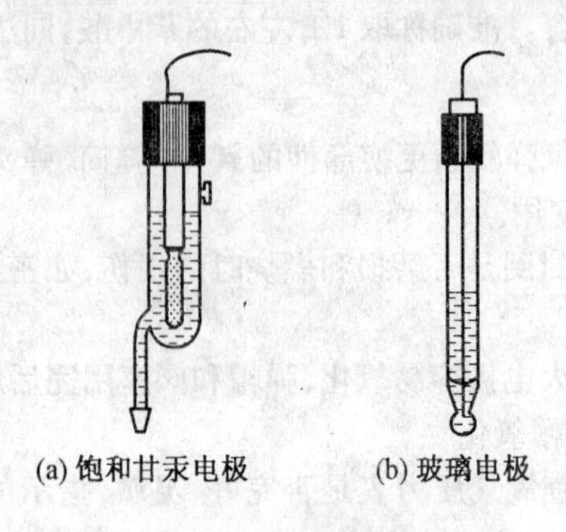

(a) 饱和甘汞电极　　(b) 玻璃电极

图 5.19　电极的结构

饱和甘汞电极由金属汞、Hg_2Cl_2 和饱和 KCl 溶液组成,它的电极反应是

$$Hg_2Cl_2 + 2e^- = 2Hg + 2Cl^-$$

甘汞电极的电极电势不随溶液 pH 值变化而变化,在一定温度下有一定值。25 ℃饱和甘汞电极的电极电势为 0.245V。玻璃电极的电极电势随溶液 pH 值的变化而改变,它的主要部分是头部的球泡,球泡是由特殊的敏感玻璃薄膜构成。薄膜对氢离子有敏感作用,当它浸入被测溶液内,被测溶液的氢离子与电极球泡表面水化层进行离子交换,球泡内层也同样产生电极电势。由于内层氢离子浓度不变,而外层氢离子浓度在变化,因此内外层的电势差也在变化,所以该电极电势随待测溶液的 pH 值不同而改变

$$\varphi_{玻} = \varphi^{\ominus}_{玻} + 0.059\,2\lg[H^+] = \varphi^{\ominus}_{玻} - 0.059\,2pH$$

将玻璃电极和饱和甘汞电极一起浸在被测溶液中组成电池,并连接上精密电位计,即可测定电池的电动势 E。在 25 ℃时电动势 E 为

$$E = \varphi_+ - \varphi_- = \varphi_{甘汞} - \varphi_{玻} = 0.245 - \varphi^{\ominus}_{玻} + 0.059\,2\ pH$$

经整理得

$$pH = (E + \varphi^{\ominus}_{玻} - 0.245)/0.059\,2$$

$E^{\ominus}_{玻}$可用已知 pH 值的缓冲溶液代替待测溶液而求得。为了省去计算手续,酸度计把测得的电池电动势直接用 pH 刻度值表示出来。因而从酸度计上可以直接读出溶液的 pH 值。

2. 使用方法

(1)接通电源。电源为交流电,预热 15 min 以上。

(2)电极安装。将复合电极夹在电极夹上;若不用复合电极,需要一个转换器,将玻璃电极夹在夹子上,玻璃电极的插头插在转换器插口内,并将小螺丝旋紧,甘汞电极夹在另一夹子上,甘汞电极引线连接在另一转换器插口内,注意使用时应把上面的小橡皮塞和下端橡皮塞拔去,以保持液位压差,不用时要把它们套上。

(3)校正。用温度计测量被测溶液的温度,调节温度补偿器到被测溶液的温度值;旋

转斜率调节器 3，使其指在“%”上。

(4)定位。仪器附有三种标准缓冲溶液(pH 为 4.00、6.86、9.20)，可选择一种与被测溶液的 pH 值较接近的缓冲溶液对仪器进行定位。仪器定位操作步骤如下：

A. 向烧杯中倒入标准缓冲溶液，按溶液温度查出该温度时溶液的 pH 值。根据这个数值，将定位调节器放在合适的位置上。

B. 将电极插入缓冲溶液，轻轻摇动，读数。

C. 调节定位调节器使数字指在缓冲溶液的 pH 值。

D. 将电极上移，移去标准缓冲溶液，用蒸馏水清洗电极头部，并用滤纸将水吸干。这时，仪器已定好位，后面测量时，不得再动定位调节器。

(5)测量。放上盛有待测溶液的烧杯，移下电极，将烧杯轻轻摇动，读出溶液的 pH 值。如果数字不稳定，重复读数，待读数稳定后，放开读数开关，移走溶液，用蒸馏水冲洗电极，将电极保存好。关上电源开关，套上仪器罩。

3. 注意事项

玻璃电极的主要部分为下端的玻璃球泡，该球泡极薄，切忌与硬物接触，一旦发生破裂，则实验完全失效。取用和收藏时应特别小心。安装时，玻璃电极球泡下端应略高于甘汞电极的下端，以免碰到烧杯底部；新的玻璃电极在使用前应在蒸馏水中浸泡 48 h 以上，不用时最好浸泡在蒸馏水中；在强碱溶液中应尽量避免使用玻璃电极。如果使用应迅速操作，测完后立即用水洗涤，并用蒸馏水浸泡；电极球泡有裂纹或老化(久放 2 年以上)，则应调换，否则反应缓慢，甚至造成较大的测量误差。

参考文献

[1] 邢存章.应用化学实验[M].北京:化学工业出版社,2010.
[2] 朱灵峰.环境工程实验理论与技术[M].郑州:黄河水利出版社,2006.
[3] 许国旺.现代实用气相色谱法[M].北京:化学工业出版社,2004.
[4] 薛永强.现代有机合成方法与技术[M].2版.北京:化学工业出版社,2007.
[5] 高滋.沸石催化与分离技术[M].北京:中国石化出版社,2009.
[6] 王柏康.综合化学实验[M].南京:南京大学出版社,2000.
[7] 钱人元.高聚物的分子量测定[M].北京:科学出版社,1958.
[8] 何卫东.高分子化学实验[M].合肥:中国科学技术大学出版社,2003.
[9] 刘秉涛.工科大学化学实验[M].哈尔滨:哈尔滨工业大学出版社,2006.
[10] 鲍慈光,赵逸云.应用化学实验[M].北京:科学出版社,1996.
[11] 陈同云.工科化学实验[M].北京:化学工业出版社,2003.
[12] 蔡干,曾汉维,钟振声.有机精细化学品实验[M].北京:化学工业出版社,1997.
[13] 焦家俊.有机化学实验[M].上海:上海交通大学出版社,2000.
[14] 朱明华.仪器分析[M].3版.北京:高等教育出版社,2000.
[15] 杜巧云,葛虹.表面活性剂基础及应用[M].北京:中国石化出版社,1996.
[16] 舒红英,丁教.应用化学综合实验[M].北京:中国轻工业出版社,2008.
[17] 张晓丽.仪器分析实验[M].北京:化学工业出版社,2006.
[18] 黄君礼.水分析化学[M].北京:中国建筑工业出版社,1997.
[19] 复旦大学.物理化学实验[M].北京:高等教育出版社,2004.